实验动物应用研究学

Application of Laboratory Animal Science

褚晓峰 主编

浙江工商大学出版社
ZHEJIANG GONGSHANG UNIVERSITY PRESS

图书在版编目(CIP)数据

实验动物应用研究学 / 褚晓峰主编. —杭州：浙江工商大学出版社，2018.6

ISBN 978-7-5178-2801-3

Ⅰ. ①实… Ⅱ. ①褚… Ⅲ. ①实验动物学 Ⅳ. ①Q95-33

中国版本图书馆 CIP 数据核字(2018)第 124856 号

实验动物应用研究学

主　编　褚晓峰

责任编辑　郑　建

封面设计　林朦朦

责任印制　包建辉

出版发行　浙江工商大学出版社

(杭州市教工路 198 号　邮政编码 310012)

(E-mail:zjgsupress@163.com)

(网址:http://www.zjgsupress.com)

电话:0571-88904980,88831806(传真)

排　　版　杭州朝曦图文设计有限公司

印　　刷　杭州五象印务有限公司

开　　本　710mm×1000mm　1/16

印　　张　10

字　　数　154 千

版 印 次　2018 年 6 月第 1 版　2018 年 6 月第 1 次印刷

书　　号　ISBN 978-7-5178-2801-3

定　　价　36.00 元

浙江工商大学出版社营销部邮购电话　0571-88904970

编委会

主　编　褚晓峰

副主编　宋晓明　陈振文

编　者　戴方伟　李　巍　卢领群　郭红刚

柯贤福　胡慧颖　吕　宇　刘桂杰

前　言

实验动物是生命科学研究的基础和重要支撑条件。实验动物科学发展的最终目的，就是要通过对动物实验的研究，进而应用到人类临床，探索人类的生命奥秘，控制人类的疾病和衰老，延长人类的寿命。

随着生命科学突飞猛进的发展，实验动物科学已经成为现代科学技术不可分割的重要组成部分，形成了一门独立的综合性基础科学门类。这门科学的重要性在于，作为科学研究的重要手段，它直接影响着许多领域研究课题的确立和成果水平的高低；作为一门科学，它的提高和发展，又会把许多领域课题研究引入新的境地。因此，实验动物科学的重要性可概括为：它是现代科学技术的重要组成部分，是生命科学的基础和条件，是衡量一个国家或一个科研单位科学研究水平的重要标志之一。

实验动物科学是伴随着生物医药科学的研究，经过漫长的动物实验过程而形成的。尤其近几年，实验动物科学发展迅速，其价值已经不仅限于生命科学方面，而且广泛地与许多领域科学实验研究紧密联系在一起，成为现代科学研究必不可少的条件之一。在很多领域的科学研究中，实验动物和动物实验充当着非常重要的安全试验、效果评价和标准检定等的角色。“十一五”“十二五”期间，将实验动物列为重要的平台建设之一，通过此平台的建设，可进一步推动实验动物与动物实验的标准化、规范化和科学化，促进科学技术水平不断提高。

我们组织一批实验动物专家和科技工作者集思广益，在总结从事实验动物科学研究和科学管理经验的基础上，吸收国内外有关实验动物和动物实验的进展和成果，结合教学和培训的需要，精心编写此书，独具特色。此书的出版，可加速推动实验动物科学向更高层次迈进，并培养出一批理论扎实、操作技能娴熟的实验动物科技人才。

褚晓峰

2018.5

目 录

第一章 实验动物学概论

实验动物和动物实验是生物医药研究不可缺少的材料和手段，许多生命科学研究不能用人去做实验，必须借助实验动物去探索生命的起源、遗传的奥秘，研究各种疾病与衰老的机理。实验动物作为“人的替身”，去承担药物的安全评价和效果试验，其中实验动物的质量直接影响到研究课题的确立和研究成果的水平。实验动物科学发展的目的是要通过动物本身生命现象的研究，进而应用到人类，探索人类的生命奥秘，控制人类的疾病和衰老，延长人类的寿命。

第一节 实验动物学的基本概念和研究范畴

一、实验动物

1988 年国家《实验动物管理条例》规定了实验动物（Laboratory Animal）的定义：经人工饲育，对其携带微生物实行控制，遗传背景明确或来源清楚的，用于科研、教学、生产、检定以及其他科学实验的动物。2000 年国家科学技术部组织专家，对《实验动物管理条例》进行修订补充。其中，将实验动物定义为：经人工培育、遗传背景清楚、对其质量实行控制、用于科学试验及产品生产的动物。

实验动物是先天的遗传性状、后天的繁育条件、微生物和寄生虫携带状况、营养需求以及环境因素等方面受到全面控制的动物。控制的目的是为了实验应用，保护接触和应用实验动物人员的健康，保证实验结果的可靠性、精确性、均一性、可重复性以及可比较性。

二、动物实验

动物实验是指在已知的和人为控制实验动物的环境条件下，改变其中某种条件，观察并记录动物的变化，以探索或检验生命科学未知因素的专门活动。是使用实验动物进行各种科学试验，也是培育繁殖实验动物的目的，通过科学的动物实验探讨生命科学的课题，包括临床医学、基础医学、预防医学和军事医学等的未知和已知的难题，探索新知从而创造出许许多多用“人的替身”获得的成果，最终为科学的发展、人类的生存和健康服务。

三、实验动物学的研究范畴

实验动物学（Laboratory Animal Science）是以实验动物为主要研究对象，并将培育的实验动物应用于生命科学等研究领域的一门综合性基础学科。概括地讲，实验动物学包括了实验动物繁育和实验动物应用两部分内容。前者主要围绕着实验动物种质培育和保存、生物学特性、生活环境、饲养繁殖与管理、质量控制、野生动物及家畜禽的实验动物化等开展有关研究，使实验动物品种、品系不断增加，质量不断提高，最终达到规范化和标准化的要求。后者主要以各学科的研究目的为目标，研究实验动物的选择，动物实验的设计、试验方法与技术，动物模型的制造，影响动物实验结果各因素的控制以及在试验中实验动物反应的观察和结果外延分析等，以保证科研教学活动中动物实验的质量。

作为科技基础条件之一的实验动物学，其研究内容和研究手段随科技的发展要求和对实验动物科学自身认识的加深而不断丰富和完善。随着科技活动的不断深入，其研究领域的拓展，与其他学科的交叉，以及认识和理论的不断更新，也为实验动物学提供了广阔的发展空间，迫切要求实验动物与学科发展及交叉等相适应。因此，实验动物学的研究领域也处于动态变化和不断扩展之中。实验动物学的研究范畴归纳起来有如下几个方面：

（一）实验动物生物学

实验动物生物学研究是实验动物学的基本内容，了解和掌握实验动物生物学特性是实验动物应用的前提和基础。不同种类的实验动物，其生物学特性各不相同，这也是实验动物应用广泛的重要内在因素。由于生物学特性的差异，不同种动物或同一种动物不同品系之间对同一实验处理可以产生不同的生物学效应，因此，对生物学的研究至关重要。主要研究内容包括：一般生物学特性、解剖学特点、生理学特点、正常生理生化指标等。

（二）实验动物环境生态学

环境是实验动物赖以生存的一切外在客观条件，包括生物性因素和非生物性因素。实验动物环境生态学是研究在特定的环境条件下，实验动物的生物学特性及其变化规律的科学。由于实验动物是在人工控制的环境中生存的，因此，人们为实验动物营造的各类环境与实验动物自身之间存在密切关系。主要研究内容包括：理化因素（温度、湿度、噪声、换气次数、风速、压力梯度、光照强度、有害气体等），生物因素（微生物、寄生虫、动物密度等），营养因素（饲料、饮水等）。

（三）实验动物遗传学

利用遗传调控原理，按照人类的意愿和科学研究的需要，控制和改造实验动物的遗传特性，培育新的动物品系和各种动物模型，以此阐明动物的外在表现型与遗传特性之间的关系。根据遗传学原理的相关技术应用，开展实验动物遗传监测和特性确定也属于实验动物遗传学的研究范畴。

（四）实验动物营养学

营养是满足实验动物正常生长和繁殖的基本需求。实验动物对营养的需求，因动物种类、品系、年龄、性别以及生长发育、妊娠、泌乳等生理状态的不同而有较大差别。因此，根据实验动物的特点，研究其对营养的需求，制定科学的营养标准，从而研制不同饲料配方和各种不同的饲料是实验动物营养学的主要任务。

（五）实验动物微生物学和寄生虫学

研究不同微生物和寄生虫对实验动物健康的危害性，制定科学合理的质量标准，采用敏感、特异的检测技术和方法，开展定期的健康检查，对实验动物质量做出评价，作为一项重要措施指导实验动物的生产与管理。

（六）实验动物医学

研究实验动物疾病的发生、发展规律，建立有效的疾病控制和防治体系，利用先进的实验手段，开展疾病诊断和治疗。

（七）比较医学

比较医学是研究动物与人类的生命现象之间的关系，特别是对人类各种疾病进行类比研究的一门新兴综合性基础科学。它以实验动物的自发性和诱发性疾病为模式，建立各种实验动物模型来研究人类相应疾病的发生、发展规律和诊断治疗，宿主抗力机制，临床变化，药物、致癌物质、残留毒物的作用等变化规律。

比较医学研究的重要目的就是对不同种系动物与人类之间的生理、病理做出有意义的比较，通过建立各种人类疾病的动物模型，对动物与人类疾病的相互类比进行研究，了解人类疾病的发生、发展的规律，用于人类疾病诊断、预防、治疗及病理、生理、药理、毒理等实验，探索人类生命的奥秘，以控制人类的疾病、衰老，延长人类的寿命，直接为保护和增进人类健康服务。

比较医学包括基础性比较医学，如比较生物学、比较解剖学、比较组织学、比较胚胎学、比较生理学、比较病理学等；也包括专科性比较医学，如比较免疫学、比较流行病学、比较药理学、比较毒理学、比较心理学、比较行为学等；还包括系统性比较医学，如人类各系统疾病的比较医学，它是比较医学中的核心内容。

（八）动物实验技术

动物实验技术主要是研究如何利用动物实施各项操作，如何排除一切干扰因素，得到可靠、科学的实验结果。其中包括实验技术、实验方法、实验设备、各项实验操作规程等。

(九)动物实验伦理学

动物实验伦理学,是在保证动物实验结果科学、可靠的前提下,针对人们的活动对动物所产生的影响,从伦理方面提出保护动物的必要性。它是人类对待实验动物所持有的道德观念、道德规范和道德评价的理论体系,它所关注的是人们对与自己的生存和发展密切相关的实验动物抱什么态度的问题。因此,它是实验动物学、动物实验科学和伦理学相结合的产物,也是我们所常说的传统伦理学体系的一个组成部分,是传统伦理学在动物实验和实验动物繁育中的具体体现。

(十)动物实验替代方法学

在满足人类科技活动最终目的的基础上,应用无知觉材料替代有知觉的脊椎动物进行实验;通过科学的设计,减少实验中的动物数量;在必须使用动物时,如何优化实验程序,以降低对实验动物造成的不良影响,这是动物实验替代方法学研究的主要内容。

替代、减少和优化是彼此独立而又相互联系的,实验技术的优化,替代方法的采用,客观上都减少了动物使用量,达到了减少的目的。而减少动物使用量的要求又促进了实验技术的改良,推动了替代方法的研究进程。

(十一)实验动物福利

实验动物的福利问题,即指在生产和使用中对实验动物的一种保护,强调的是对各种不良因素的有效控制和条件改善,而不是那种不宰不杀的极端"动物保护"。

在兼顾科学问题探索和在可能的基础上最大限度地满足维持动物生命、维持健康和提高舒适程度的需求两个方面,研究动物生活环境条件、动物"内心感受"、人道的实验技术等是科学的实验动物福利的主要研究内容。

为动物提供维持生命延续的营养和生存条件,利用现代医学手段和其他措施保证动物健康,是实验动物学一直关注和研究的重点,而如何改善和提高动物生活的舒适程度,则易受到忽视。实验动物福利就是要最大限度地强调后者的作用,视野是全方位的。

第二节 实验动物分类及质量控制

实验动物质量标准是对动物本身质量提出的技术规范，是动物实验最基本的要求，包括遗传学质量和微生物学质量的标准。

实验动物是人类疾病研究的“替身”及生物科学研究的材料。医学研究中需要更为适合的不同类型动物来完成科学实验，其本身的质量问题涉及实验研究的敏感性和反应一致性，而且一些生命科学的成就，必须依靠某种遗传类型的实验动物，就如某科学家说的，如果没有近交系小鼠的出现，免疫学就夭折了。实验动物不同于其他动物，它的质量受到多个条件的限制，人们必须对这些限制做出相应的衡量标准。因此，为了使动物实验结果准确可靠，实验动物就像任何产品一样，从生产至使用的整个过程都需要用实验动物标准严格控制其质量。

一、实验动物的遗传学分类

按遗传学控制原理，实验动物遗传学标准中，一般将实验动物分成近交系、杂交系及远交系。

(一)近交系动物(Inbred Strain Animal)

近交系：指起源于同一对祖先，其下一代个体通过同胞兄妹或亲子间连续繁殖 20 代以上，近交系数(率)达到 99%以上的动物群体。

1. 近交系动物特点：

(1)基因纯合性：基因组中几乎所有基因位点的两个基因都纯合，包括隐性基因也纯合，品系将保留和表现所有遗传性状，有利于形成疾病模型；

(2)遗传稳定性：每一代纯合子之间繁殖，下一代位点上的基因组成保持恒定，有利于遗传性状长久不变，优良性状得以保持；

(3)品系遗传同源性：品系内所有个体的遗传结构，可以追溯到同一祖先，有利于生物学特性对比；

(4)品系遗传组成和表现性状一致性：由于品系内所有个体与祖先具

有同源性，所以全部个体之间的遗传结构及表现性状也相同，这使得实验研究的结果尽可能一致；

(5)品系间遗传组成和表现性状独特性：由于育种过程中，不同基因分配到各个近交系中，并且加以纯合固定，因此所形成的不同近交系遗传结构存在差异，表现性状也有差别，利于品系多样性，更适合各种不同的实验研究；

(6)品系间遗传概貌可辨认性：各品系间不同生物学性状形成的遗传标记，组成一定的遗传概貌，以利于动物品系的鉴别区分；

(7)对实验反应的敏感性：由于近交衰退，品系某些生理过程中的稳定性降低，对外界因素变化，包括实验刺激更为敏感，增加了近交系动物的灵敏度；

(8)资料完整性：近交系动物品系多，分布广泛，各系间差异大，因此其资料较丰富。另外动物性状稳定遗传，保持的资料有沿用价值。

2.近交系动物应用特点：

(1)近交系动物个体之间遗传差异很小，对实验反应一致，可以消除杂合遗传背景对实验结果的影响，统计精度高，因此在应用中，只需使用少量动物就能进行重复定量实验；

(2)近交系动物个体间主要组织相容性抗原一致，因此是涉及组织、细胞或肿瘤移植的实验必不可少的动物模型，例如近交系大鼠适合脏器移植；

(3)由于近交，隐性基因纯合，其病理性状得以暴露，可以获得大量先天性畸形及先天性疾病，如糖尿病、高血压等的动物模型。这些动物遗传背景清楚，是进行疾病分子机理研究的理想实验材料；

(4)某些近交系肿瘤基因纯合，自发或诱发性肿瘤发病率上升，并可以使许多肿瘤细胞株在动物上相互移植传代，成为肿瘤病因学、肿瘤药理学研究的重要模型；

(5)同时使用多个近交系，分析不同遗传组成对某项实验的影响，或者观察实验结果是否具有普遍意义，例如研究同一基因在不同遗传背景下的作用，或研究不同基因在同一遗传背景下的功能。

3.近交系动物命名：

(1)以大写英文字母表示，如：BALB/c、DBA、A 等；

(2)以阿拉伯数字表示,如 129、615 等;

(3)大写英文字母和阿拉伯数字合并表示,如 C57BL、C3H 等;

(4)特殊技术培育动物的命名法,如 CBAfC3H、CBAeC3H、CBAoC3H 分别表示代乳、胚胎移植、卵巢移植培育的近交系动物。

(二)杂交系动物(Hybrids Animal)

杂交 F1 代(Cross F1)指用两个不同的近交系杂交产生的第一代动物。严格地讲,F1 代动物不是一个品系或品种。

1. F1 代动物特点及应用特点:

(1)具有杂交优势,避免了近交系抵抗力较低的缺点;

(2)每个个体的遗传物质均等地来自双亲,虽表现杂合性,但个体间遗传均质性好,实验可以重复,表现一致性;

(3)能将父母品系的显性性状集中遗传到同一个体上;

(4)血液中有大量干细胞,为相应研究提供了干细胞来源;

(5)两个祖系经过基因重组,出现新的优势性状和用途,如移植免疫、脾脏增大适于单抗研究,成为新疾病模型。

2. 杂交 F1 代动物命名:品系×品系 F1,如 C3H×C57BL F1。

(三)远交系动物(Outbred Stock Animal)或封闭群动物(Closed Colony Animal)

远交系:又称封闭群,指某个有血缘的群体,在不引进其它品系动物或新血缘的情况下,个体间以随机交配的方式,连续繁殖 4 代以上所形成的动物种群,其群体的近交系数应<1%。

哈代-温伯格(Hardy-Weinberg)定律指出,在一个很大的随机交配群体中,如果没有突变、选择和迁移等因素的影响,则该群体每一代的基因频率和基因型频率总是保持不变,也就是说该群体遗传特异性保持相对稳定。远交系动物个体的遗传结构呈杂合性,而整个动物群体内全部杂合性基因的分布频率,即遗传组成在每一代保持稳定性。杂合性有利于群体携带更多的基因,稳定性保证群体对实验反应呈现最大的重复性。

为了保持远交系动物的这些特性,必须让群体封闭繁殖,随机交配,有足够大的繁殖种群。

这里用有效群体数 Ne=(4×Nf×Nm)/(Nf+Nm)及近交系数 ΔF1=1/2Ne 两个参数，来判断远交群遗传组成是否符合要求。

1.远交系动物特点：

(1)呈遗传多态性：远交系动物在同一基因位点上，包含更多的等位基因，即具有更高的基因多态性，表现为对较多的外界刺激因子呈现反应；

(2)因远交系动物多数基因处于杂合状态，所以具有较强的杂交优势，表现为抵抗力、生产力及生活力多优于近交系；

(3)对某种特定刺激的反应性及重复性不及近交系，群体遗传接近自然种属特征。

2.远交系动物应用特点：

(1)人类群体遗传研究，如研究某个基因的遗传规律、基因与疾病的关系；

(2)盲目筛选性实验，如中药有效成分及新化合物的筛选，毒性实验，药理学实验等；

(3)动物使用量大的实验，如小鼠实验；

(4)进行预实验，统计精度要求不高的实验。

3.远交系动物命名：

远交系以培育人或单位的名称命名，由 2～4 个大写英文字母组成，如 ICR 小鼠、SD 大鼠、DHP 豚鼠等。也可在种群名称前标明维持者的英文缩写，维持者与种群名称之间用比号分开，例如 N∶NIH、Lac∶LACA 小鼠等。

通过遗传标准分类可见，近交系动物基因单一，特异性好，敏感性强，较适用于制作疾病模型，并近交后形成疾病模型，可用于研究疾病机理；反应一致，用量较少；组织相容性一致，适用于免疫学、肿瘤学及组织器官移植等研究；易自发或诱导肿瘤，是研究肿瘤的适宜材料；提供导入系动物培育的背景材料。突变系动物主要利用其自然人类疾病模型的特点，适用于研究人类疾病机理；对于研究疾病基因的结构、功能、转录、表达、调控及遗传等而言，是很有用的实验材料，转基因动物也类似这种动物。基因杂合的动物基因呈多态性，对较多的物质和抗原具有反应性，适应于药理(效)学研究、药品生物制品及化学品等的安全性评价、人类群体遗传研究,使用数量较大。

二、实验动物微生物学控制标准

微生物学质量控制是实验动物标准化的重要内容之一。微生物是实验动物必须控制的外在因素,实验动物最早多来源于野生动物,在遗传育种的同时,通过生物净化技术,使之达到微生物学控制标准。但由于实验动物采取群体饲养,频繁与外环境和人员接触,易被各种病原体所感染,造成疾病的爆发、流行和隐性感染,因而对实验研究产生严重干扰,造成人力、物力和时间的极大浪费。有的病原体宿主广泛,属人兽共患病原,可引起人和动物的疾病,更具有危险性。因此,开展实验动物微生物监控工作,减少或阻止微生物的影响,对保证实验动物质量及等级标准化,及动物实验结果的可靠性,具有十分重要的意义。

(一)实验动物的微生物学分类

根据国家标准,按微生物和寄生虫的控制程度,将实验动物的微生物标准划分为普通级动物、清洁级动物、无特定病原体级动物和无菌级动物4个等级,无菌动物还包括悉生级动物或已知菌级动物。

(1)普通级动物(Conventional Animal,CV):指不携带所规定的人畜共患病和动物烈性病病原的动物。这类动物饲养于开放环境中,是微生物控制等级最低的动物。管理普通级动物,要有良好的饲养设施,具有送排风系统;饲料、垫料、环境及笼器具需消毒;外来动物必须严格隔离检疫;饲养室要有防野鼠、昆虫设备。饲养管理中要采取一定的防疫措施,进入人员必须穿白大衣,更换拖鞋。该级别目前只适合于大型动物。

(2)清洁级动物(Clean Animal,CL):指除普通级动物应排除的病原外,不携带对实验干扰较大的微生物和寄生虫的动物。这类动物饲养于屏障环境(局部层流或乱流)中,管理要相当严谨。所有用于动物和实验的物品,都必须经过严格消毒;进入屏障系统的空气需经过三级过滤净化处理,室内空气压力相对外界为正压;工作人员需更换灭菌隔离服,戴灭菌口罩手套,穿灭菌鞋,方能进入动物实验室。该设施内人流、物流要分开,后者要单向流动。

我国规定科学研究中使用的小型动物,必须达到清洁级及清洁级以上级别,否则相关项目不予申请和验收,成果不予鉴定。因这类动物实验效果较好,成本又较低,所以比较适合我国的实际情况,应用较广泛。

(3)无特定病原体级动物(Specific Pathogen Free Animal,SPF):指除清洁级动物应排除的病原外,不携带潜在感染或条件致病和对科学实验干扰大的病原的动物。这类动物饲养于空气水平或垂直层流的屏障环境中,微生物控制更加严格,管理及操作要求更加苛刻。通常情况下,在屏障系统中加用空气层流饲养柜或独立通风笼具系统(Individually Ventilated Cages,IVC)饲养动物,可以达到这个等级。该级别所有物品需专用,并且由专人负责管理实验室,不能与其他等级的动物混合管理和饲养。

SPF 动物是国际上公认的科研用实验动物,我国规定国家级科研项目的小型动物必须用该类动物。涉及免疫学、肿瘤学及疫苗研制等的科研项目,应该使用 SPF 动物。

(4)无菌级动物(Germ Free Animal,GF):指不携带任何微生物的动物。这类动物饲养在无菌的隔离环境中。无菌动物在形态学和生理学等方面发生了一些改变。这类动物培养代价较高,一般很少直接使用,主要用于制作悉生动物及免疫学研究等。

(5)悉生级动物(Gnotobiotic Animal,GN):也称已知菌级动物或已知菌丛级动物,是指在无菌级动物体内接种入已知细菌培育的动物,一般接种 1～3 种已知的细菌。此种动物和无菌级动物一样饲养在无菌隔离环境内,选作实验准确性较高,可排除动物体内带有的各种不明确的微生物对实验结果的干扰,生活力较强,抵抗力比无菌级动物明显增强,在某些实验中可作为无菌级动物的代用动物。常用于研究微生物和宿主动物之间的协同关系,研究某种细菌的功能,制备纯度及效价较高的抗体,及研究过敏性反应等。

(二)实验动物微生物质量控制

为了控制实验动物的微生物质量,生产供应单位要严格把住质量关,定期对动物微生物质量进行检测。另外,还要保证动物运输安全,要有与动物生产设施相应配套的实验设施,动物实验室的设备条件要符合标准。

在屏障设施内，使用某些实验动物饲育设备，如层流架、IVC 等，可以进一步提高实验动物的质量。

作为实验动物防病需要，除环境条件要符合标准外，普通级动物的部分用品必须消毒；进入设施人员要穿白大衣，穿拖鞋，戴工作帽；清洁级及清洁级以上动物的管理和实验要求将更加严格，一定要树立无菌观念，清洁级和 SPF 级动物必须饲养在屏障和隔离系统中。进入室内的空气要经过初、中、高三级过滤，滤去空气中的微生物及尘埃粒子；室内空气保持层流状态，将空气中粒子减少到最低数量；室内空气压力形成正压，防止外来微生物及尘埃粒子进入室内；进入室内的所有物品必须经过各种严格消毒，物品采取单向流动，平时室内用药水擦拭及紫外线照射消毒；进入室内的所有人员必须身着灭菌隔离服，戴灭菌口罩及手套，穿消毒拖鞋；动物包装在灭菌盒内，盒外表经酒精擦拭和紫外线照射灭菌后传入室内，动物与物品同从外出通道传出室外；要及时发现、合理处理死亡动物，将动物尸体连同饲养盒及时拿至屏障室外，放置冰箱冷冻保存后，做无害化处理。这些措施都是为了防止动物和环境受微生物污染。

第二章　实验动物科学研究的思维方式

科学研究是一种创造性的劳动。创造性思维、科学想象力对科学研究工作十分重要。科学研究成果强调其具有新颖性与创造性，包括科学新发现，如新理论、新概念的提出，新方法、新技术、新模型的建立，新药物、新工艺、新材料、新仪器的发明都属于创新的内容。一个科学工作者要能做出创造性成果，首先在研究的全过程都要拥有创造性思维与科学的想象力，创造性思维是有意识的、自觉的思维，它不同于科学幻想。无论是科研课题的提出，科学假说的建立、实验观察，科研结果的分析、整理以至最后结论的形成都离不开创造性的思维。创造性思维能力不是天赋的，虽然先天素质是创造性思维能力形成的条件之一，更重要的是要有浓厚的科学研究的事业心和进取心，在科学实践中不断探索和提高。当然科研单位还要创造条件，努力鼓励人们的创造精神，发扬学术民主，建立一个有利于科学创新的环境。

一、创造性思维的特点

(1)独立性。独立性即指与众人、前人有所不同，独具卓识。从因素分析学说的角度研究，思维独立性中又有几种“因子”：一种是“怀疑因子”，即敢于对人们“司空见惯”的或认为“完美无缺”的事物提出怀疑；再一种是“抗压性因子”，即力破陈规，锐意进取，勇于向旧的传统和习惯挑战；第三种是“自变因子”，即能主动否定自己，打破自我框架。

(2)连续性。连续性即指具有“自此思彼”的思维能力。它常以3种形式表现出来：一是“纵向连动”，即发现一种现象后，立即纵深一步，探究其产生的原因；二是“逆向连动”，即看到一种现象后，立即想到它的反面；三是“横向连动”，即发现一种现象后，便联想到特点与之相似、相关的事物。

(3)多向性。多向性就是善于从不同的角度想问题。这种思维的产生并获得成功,主要依赖于:“发散机制”,即在一个问题面前,尽量提出多种设想、多种答案,扩大选择余地;“换元机制”,即灵活地变换影响事物质和量的诸多因素中的某一个,从而产生新的思路;“转向机制”,即思维在一个方向受阻时,便马上转向另一个方向;“创优机制”,即用心寻找最优答案。

(4)跨越性。从思维进程来说,它表现为常常省略思维步骤,加大思维的“前进跨度”;从思维对象的角度分析,它表现为能跨越事物“相关度”的差距,加大思维的“联想跨度”;从思维条件的角度讲,它表现为能跨越事物“可现度”的限制,迅速完成“虚体”与“实体”之间的转化,加大思维的“转换跨度”。

(5)综合性。要成功地进行综合思维,又必须具备 3 种能力:一是“智慧杂交能力”,即善于选取前人智慧宝库中的精华,通过巧妙结合,形成新的成果;二是“思维统摄能力”,即把大量概念、事实和观察材料综合在一起,加以概括整理,形成科学概念和系统;三是“辩证分析能力”,它是一种综合性思维能力,即对占有的材料进行深入分析,把握它们的个性特点,然后从这些特点中概括出事物的规律。

二、直觉—模型

直觉,指透过事物的感知一瞬间做出确定与评价的飞跃性思维。它具有直达性、理智性、快速性、大跨度性和对成果正确性的坚信等特征。模型则指直觉思维所形成的构件或直觉目的,同时又对直觉中的误差进行纠偏。

直觉不是一般地对现实事物进行简单的推测和计算,而是灵感的一种表现方式。它表现为在多维、交错的思维动作过程中,大脑对多角度、多层面做功材料的聚合和顿察,是顿悟。中外大科学家都特别喜爱直觉,爱因斯坦说:“真正可贵的因素是直觉”“我想念直觉和灵感。”鲍林在谈到化学链的发现过程时说:“我怀着一种好奇心——一种直觉,感到可以用化学链来解释物质的性质。”

卢嘉锡在他的导师两次诺贝尔奖得主鲍林教授指导下进行研究和学习。他注意到鲍林教授有一种独特的化学直观灵感:只要给出某种物质的化学式，鲍林教授就能大体上直觉出这种物质的分子结构模型。卢嘉锡在对鲍林有了深入了解后，领悟到这不仅是一种天赋，而且是一种对事物的毛估方法。卢嘉锡回国后，发展并灵活运用了毛估方法。1972 年，我国开始了研究固氮酶的工作，固氮酶是一种把空气中的氮转化为氨，可以被植物直接利用的物质。要用化学方法模仿生物固氮作用，首先要搞清楚固氮酶的主体部分具有怎样的结构。当时国际上对这个关键问题尚处于朦胧状态。1973 年，卢嘉锡在组织实验研究时，运用毛估方法给出该结构为“网兜模型”。过了 4 年，国外才陆续提出类似的模型。1995 年，美国人终于准确地测出固氮酶晶体的结构，其结构模型与卢嘉锡的毛估基本一致。

毛估方法是一种高度概括的思维方式，是建立在扎实的专业知识和丰富的实践经验之上的创造意识。当然，毛估是一种直觉，并不等于准确的结论，毛估之后还需要进行一系列的逻辑运算和实验检验，然后建立模型。

三、归纳—演绎

人们的认识过程的普遍程序是由特殊到一般，又由一般到特殊。归纳和演绎就是进行这个认识过程的两种思维方式，也是两种常用的科学研究方法。

归纳，指从大量的实验结果中构造出新的模型、新的知识，从而归纳出新的原理。培根说：“我们不能像蚂蚁，单只收集，也不可像蜘蛛，只从肚中抽丝，而应像蜜蜂，既采集又整理，这样才能酿出香甜的蜂蜜。”

演绎，指从某些概念、公理或法则出发，运用逻辑推理得出新结论的思维方式。

“费密测算”是这类思维的鲜明案例。费密测算是美籍意大利物理学家恩里科·费密经常运用的思维方式。例如，在手头上没有资料可查时，想要测出地球的周长，怎么办？费密的方法是拿已知的数据作为推算起点。比如：已知纽约市与洛杉矶市之间的距离约 5000km，时差约为 3h，3 小时就是 1 天的 1/8，那么 8×5000＝40000(km)。地球的实际周长约为 40000km，误差极小。

我国创造学家许国泰所运用的“交合测算”，也是这类思维方式的极好的例子。我们知道,任何一种事物,都有其核心功能、近围功能和远围功能。而且,这 3 种功能通过思维是可以测算出来的。

在一次学术讨论会上,许国泰曾令人惊异地演示了曲别针的 3 万多种用途。他使用的思维方式就是交合测算法。其实质就是信息标和信息反应场的交合运用。他首先把曲别针的总体信息分解为材质、重量、弹性、体积、长度、截面、韧性、硬度、直边及弧等 10 个要素。把这些要素点用线连成信息标(X 轴),然后再把与人们实践相关的曲别针功能也进行分解,连成信息标(Y 轴),两轴相交并垂直延伸形成"信息反应场",使两轴各点上信息依次"相乘",即产生信息交合网络。

Y 轴的数标与 X 轴相交,使用曲别针变形方式,把曲别针弯成 1,2,3,4,5,6,7,8,9,0,并变成+,-,×,÷符号,用来进行四则运算;Y 轴上的字母标与 X 轴相交,曲别针可以弯成英、俄、法和汉语拼音等字母,用来进行拼读;Y 轴上的电标与 X 轴交合,曲别针可以做导线……

如果我们平时就养成对事物弥散功能的敏锐观察力,无疑,我们的创造发明潜力将会得到极大的挖掘。

杨振宁曾谈到自己的思维方式:他在西南联大受到的是演绎思维训练,即从已知的物理事实,推演出新的事实,然后通过实验验证。到了美国之后,他的导师费密和泰勒的思维方式恰好相反,他们从大量的实验中,构建新的模型,获取新的知识,归纳出新的物理定律。这种归纳型思维方式,视野广阔,创造性强。杨振宁说:"我很幸运,演绎和归纳这两种思维方式,我都受到了很好的训练。"

四、想象—验证

想象是人脑对已有表象进行加工改造而形成新形象的过程。想象具有假设、猜测、幻想的品格,它是形象思维的高级阶段,超越于经验事实,极富有创造性。

1903 年,居里在总结自己的成功经验时说:"我们可以提出一个大胆的假设,用以指定现象的机制。这样的研究方法,优势在于能够利用实验证明假设是否正确,并因为还不过于抽象,能使我们心中有一个意想的图像,便于进行推理。"近来,王淦昌提出:"大胆怀疑,小心验证。"可见想象—验证是科学家常常使用的思维方式。

世界第一大峡谷——雅鲁藏布大峡谷的发现和论证，是想象验证思维方式运用的典范案例。早在1981年，我国科技工作者在青藏高原科学考察论证中指出："雅鲁藏布江某段从峰顶(指南迦巴比峰和加拉白垒峰)到大拐弯末端的江面，其水平距离仅40km，可是垂直高差竟达7 100m，成为世界上切剖最深的峡谷段。"然而此文作者并未进一步设想雅鲁藏布可能是世界第一大峡谷。后来，我国科学家又有过两次考查，也得出相似的结果。

直到1994年初，新华社高级记者张继民为写一篇探险故事，参阅了几位考察者合著的论文。当看到论文中"几百公里长……峡谷平均切剖深度在5 000m以上"这段文字时，心中猛地一惊，觉得这是一条重大的科学新闻，深埋于科学家的论文中。张继民以职业的敏感，意识到谁最先认识到雅鲁藏布大峡谷是世界第一大峡谷，并加以论证、确认和报导，这个重大成果就属于谁。他越想越激动，彻夜难眠，下决心推动科学家对雅鲁藏布大峡谷的世界第一大峡谷的地位给予验证。

随后，张继民和杨逸畴、高登义、李渤生等科学家多次到雅鲁藏布大峡谷进行实地考察、论证，并于1994年4月16日正式向全世界宣布：雅鲁藏布大峡谷深达5 382m，是世界第一大峡谷。1998年秋，国家测绘局派人到雅鲁藏布大峡谷进行测量，验证出雅鲁藏布大峡谷长为504.9km，深为6 009m，证实雅鲁藏布大峡谷是世界第一大峡谷，彻底否定了美国科罗拉多大峡谷是世界第一大峡谷的地位。

事后杨逸畴反思道："也许是中国多年来的封闭式教育使得科学家们太过矜持，也许是他们没有想到直到20世纪下半叶还会有'世界之最'蒙着面纱。总之，这几个后来自嘲为'书呆子'的科学家，忽视了大峡谷的重要性和科学优先权的事实。"张继民说："这一事件还说明，丰富的想象力的确是创造思维的第一特性。"爱因斯坦就认为："想象力比知识积累更重要，是科学研究中的实在因素。"

五、相似思维

矛盾与统一(或同一)，个性与共性，差异与相似，本是一切事物客观存在的性质。相似思维研究事物之间的统一性、共性或相似性。

一切事物，甚至表面看来毫不相关的事物(例如石块与人)之间，均存在着某种相似性。从最广泛的范畴来看,一切事物都是客观存在,都是发展变化的。因此,它们之间起码在这个哲学意义上具有相似性或共性。一切事物,甚至看起来是完全相同的事物之间,均存在着差异。例如两个电子,它们之间起码在所占空间位置上是有差异的。因此,不存在绝对相同的事物。

如此说来,一切事物之间均存在着有条件(相对)的相似性。人们经常利用事物之间的相似性进行创新。因此,相似思维是一种重要的创新思维。

(一)事物间相似性的表现形式

从不同的角度来看,事物间的相似性可以有不同的表现形式。从创新应用的角度而言,其相似性可归纳为如下方面。

(1)哲理相似或方法相似。模板组装式家具、机械设计中的模块化、建筑业中的预制件组合装配施工、计算机和电子仪器中的标准插件,等等,虽然用途各异,却都有相同的哲理或方法:组合拼装原理,即将标准的要素组合成不同的整体,来解决设计、施工要求标准化与使用要求多样化之间的矛盾。反过来说,凡遇到要解决同类矛盾的问题,无论其问题性质如何,均可把该方法作为解决途径。

(2)关系相似。数学是事物间数量关系共性的抽象。无论何类事物,无论它们之间关系的性质有何不同,只要它们在变量关系上是相同的,就可以用同一个数学模型来表述。图论是用网络图的形式来表述事物之间的关系。系统论是对事物的组成要素之间、要素与总体之间、总体与环境之间关系的共性概括。

(3)机制相似或行为相似。H·哈肯从研究受激原子产生激光开始,转而研究生物系统和社会系统,发现为数很多的系统在从无序状态到有序状态的过渡中,其行为显示出惊人的相似。据此发表了他的著作——《协同学导论》。

美国数学家维纳从人类、生物、自动化机器的调节功能的相似规律中,发现了反馈作用,提出了反馈概念,并在此基础上创立了控制论。

(4)性质相似。不同的物质可能具有相似的化学性质,或物理性质,或机械性质,或几者兼有。这正是寻求代用材料或新型材料的前提。

任何物质均有固、液、气和等离子体四态，在四态相互转化时均伴随着能量的交换。任何微观粒子都具有波粒二相性，这是量子力学产生的基础。

(5)功能相似。为获得对金属材料成形加工这一功能，可使用热能、机械能、电能、化学能、声能和光能，并可用固体、液体或气体作为传递能量介质。

功能相似的应用是创新设计中最为丰富的一个领域。它表明，任何一种功能实现的途径都不是惟一的，创造发明活动是大有用武之地的。

(6)组织结构相似。任何物质的原子都有原子核和电子。动物体内的血红素与植物的叶绿素的化学结构是相似的：它们都是卟啉结合物，血红素是卟啉结合了铁元素，叶绿素则是卟啉结合了镁元素。禽类的蛋壳都是椭圆形的薄壳结构，等等。

事实上，上述 6 个方面的相似性并非没有关联。某一方面的相似性常常伴随着另外一方面或者若干方面的相似性，其中存在着某种因果关系。例如，组织结构的相似通常伴随着功能、机制或性质的相似，这是人们用模仿法解决创新问题的基础。仿生学是一个例子，通过化学合成仿制中草药又是一个例子。对这些相似性的运用，需根据应用的目的进行选择。

(二)事物相似的相对性

从应用角度来看，事物相似性的相对性表现在如下方面。

(1)层次性。动物与植物是不同类的，但在生物与非生物这个更高的层次上，它们同属于生物类。即使表面看来毫不相关的事物，它们起码具有哲学层次上的相似性，这表现在它们都是客观存在，都是发展变化的。必须根据研究对象所属的层次，来确定不同事物间是否具有相似性。

(2)局部性。潜水艇与鱼在外形上相似，这对减小航行阻力这一应用目的来说已经够了，尽管它们在其他方面并不相似。因此，从应用角度来看，并不一定关注事物之间是否全面相似，而仅关注某局部方面的相似性。

(3)条件性。事物相似性的成立依赖于特定的条件。名医华佗曾给两个头痛发烧的病人诊治，给一人开了泻药，给另一人开了发散药，就是因为两人的病因不同，一个是伤食，另一个是外感，从而对症下药，药到病除。

(4)目的性。相似判据因应用相似性的目的不同而异。从医学角度，对人只需以年龄和性别为分类判据；从社会学角度，对人的分类判据便会大不相同。应根据所拟解决问题的目的来选择相似判据。

(三)应用事物相似性的基本模式

在科技创新活动中应用事物的相似性可概括成 3 种基本模式：归纳法、模仿法和类比法。

(1)归纳法。归纳法是指对具有某种相似性的事物，按照既定目的，进行归纳研究或处理，概括出一般原理。它有如下 3 类用途：①形成新的学科或学说。任何一种学科，都是对事物某方面共性规律的归纳和总结。协同学、控制论是对事物某方面行为共性的总结；物理、化学是对事物某方面性质共性的总结；系统论是对事物某方面关系共性的总结；哲学是对事物哲理共性的总结。②预见未知事物。门捷列夫归纳了原子量(序数)不同的物质间化学性质相似(性质相似)与外层电子数相似(组织结构相似)之间的关系，排列了元素周期表，揭示了化学性质的机制，预见了当时尚未发现的元素的存在。③将事物按某种相似性分类，以便研究或处理。生物学、图书编目等都是其例。在医学史上曾存在着因凝血而导致输血失败的问题，直到 19 世纪末 20 世纪初，奥地利病理学家兰斯坦纳通过分类发现了血液的分型，才掌握了输血的规律。

(2)模仿法。模仿法是通过模仿的方法，利用事物的相似性以寻求创新的途径。它有以下 3 种基本程式：①提出问题→寻求模仿原型→问题解决。以飞机发明过程为例：产生飞行幻想→以鸟为模仿原型→研究鸟翼结构及飞行机制→通过模仿实现飞行目的。②发现原型→产生模仿动机→目标实现。以人工培植牛黄的发明为例：发现植入异物可刺激河蚌育珠→设想在牛胆中模仿植入异物以促使胆结石→实现增产牛黄目标。③提出方案→模拟仿真→检验方案。这是各种模拟仿真方法的程序。

上述模仿法的 3 种方式有时联合运用。以蒸汽机的发明为例：发现蒸汽顶开壶盖→产生蒸汽动力设想→发明纽可门蒸汽机→寻求直线运动转化为圆周运动的模仿原则→发明瓦特蒸汽机。

(3)类比法。类比的客观基础是物质世界多样性的统一,在一些事物和现象之间,往往具有某些相似的特征。在科学研究过程中采用类比法的方法,可以启发思路,提供线索,并为科学假说提供依据。正如康德所说:“每当理智缺乏可靠的思路时,类比这个方法往往指引我们前进。”

在医学研究中,类比还可以导致新的发现。因发现血液循环而确立了生理学科的英国医生哈维,就曾在研究过程中直接受益于类比的启发。他总结道:“我开始想到究竟会不会有一个循环运动,如亚里士多德所说的空气和雨模仿天体的循环运动一样:因为潮湿的大地经太阳加热而蒸发,向上移动的水蒸气又凝结起来以雨的形式降落,使大地潮湿。由于这样的安排便产生了一代代的生物,风暴或流星也由于循环以及由于太阳的接近或后退而产生。因此,通过血液的运动,循环运动也在体内进行着,这是完全可能的。”这样一个由类比而产生的大胆设想,促使哈维最终在 1628 年发现了血液循环,由此带动了整个近代医学的兴起。

六、求异思维

求异思维又称求逆意识或逆反思维。它研究事物之间的多样性、差异性。求异思维属于发散思维。它在解决当前问题的已有模式或传统途径之外独辟蹊径,从已有思路相逆或相异的方面,挖掘一切其他可能的方案,从中寻优,以获得对现有传统理论或方案的突破和创新。它常常是历史上获得创新突破成就的人的一个共同的思维特点。

求异思维的特点是求疑(勇于对人们常见的或认为完满无缺的事物提出疑问并不懈求解)、抗压(力破陈规,敢于向旧传统、旧习惯和权威挑战)、自变(能够主动打破自我束缚,不自满、不自悲)、标新(善于提出与众不同的新颖思路和见解)。

求异思维常用的构思方式有反向构思、侧向构思和缺点逆用构思。

(1)反向构思。反向构思是指按传统思路相反的方向来解决问题。亚里士多德曾认为:“当推一个物体的力不再去推它时,原来的运动便归于静止。”这是日常所见任何运动都能证明的现象,似乎无可置疑。可是伽利略大胆地想象:假定在没有磨擦的情况下,运动的物体就会永远向前。这个思想后来由牛顿总结为惯性定律。

(2)侧向构思。侧向构思又称转换构思,是将传统思路做某种变换,来实现问题的解决。有时，侧向构思可巧夺天工，弥补仪器的不足，人们获得原子的照片就是一例。人们很想目睹原子的“芳容”，无奈它确实太小了。要给它拍张照片也非常困难，困难在于用光上。如果用可见光来拍摄原子，会使照片一片模糊；用 X 线也有问题。那么，还有没有办法拍摄原子照片呢？英国物理学家布拉格想出了一个巧妙的办法。他运用德国科学家阿贝的显微镜的数学理论，采用了分拍后合成的方法，给原子拍摄了第一张照片——甲苯的分子照片。侧向构思使布拉格发现了晶体内分子和原子摄像法。

(3)缺点逆用构思。缺点逆用构思，是将某些有害的物理或化学效应转换到有利的用途上。例如，电化学效应使金属腐蚀是缺点，使电化学效应有控制地腐蚀金属，便产生了电化学加工法。又如拉开电闸时产生电火花，造成电闸正极子逸出而损坏电闸刀是缺点，有控制地利用这种效应，使处于正极的金属零件的正离子按要求逸出，便产生了电火花加工法。医学中的“以毒攻毒”法，也属于这种构思方式。

七、系统思维

系统思维研究事物（特别是复杂事物）的要素构成及其相关制约关系。

系统思维把研究对象看成一个实现某种功能或人为目标的系统，认为任何被研究的系统均具有目的性、层次性、相关性、整体性和对环境的适应性。目的性，是指任何被研究的系统都是为了实现某种功能或人为目标的；层次性，是指任何系统均可分成若干分系统或要素，而这个系统又是它所从属的一个更大系统的分系统或要素；相关性，是指系统的各组成要素之间是相互制约、相互依赖的，每个要素的性质或行为，以及它对系统整体功能的影响，依赖于其他要素的性质或行为；整体性，是指系统不等于各要素的简单总和，而是其组成要素有机构成的整体，整体功能与各要素分功能之间遵循“非加和原则”；对环境的适应性，是指系统需要适应其环境条件的约束和影响。

基于系统的上述特性，系统思维处理创新问题（特别是大型复杂的创新问题）持如下基本观点。

(1)以技术融合为基本手段。当代创新有两条路：一条是单项新技术取代老技术的线性过程，是物理上的突破引起的技术创新，如半导体取代电子管、激光的发现、超导现象的发现等。另一条则是技术融合聚变，是采用多种技术互补性合作的非线性过程，是系统论的突破引起的创新。

在科学技术高度发展的今天，更多的创新成果是多项技术大跨度融合的结果。以正在进行的“土壤动物非光滑减黏降阻的机械仿生”这一自然科学基金资助的创新项目为例，涉及到动物学、土壤学、材料学、力学、机械学、生物电微电渗现象等多门学科。再以微机械的创新研究为例，涉及微电子学、现代光学、空气动力学、液体力学、热力学、声学、磁学、自动控制、仿生学、材料科学及表面物理化学等诸多领域。而与微机械相关的纳米技术，又是物理学、量子力学、混沌物理与电子计算机、微电子技术和扫描隧道显微技术相结合的产物。美国阿波罗登月计划总指挥韦伯曾说：“阿波罗计划中没有新的技术发明，关键在于综合。”

(2)着眼于总体目标。着眼于系统整体的状态和功能，而不拘泥于局部；追求系统整体的最佳效果，而不要求各个局部最佳。天安门前观礼台的设计者说：“观礼台设计的成功之处，就在于使人不注意它的存在。”这是把突出天安门的宏伟作为广场系统总体目标的系统思维的体现。

(3)以协调匹配为关键。系统思维处理工程对象各要素之间的协调匹配表现在 3 个方面：各项技术成果综合应用的协调匹配，系统各部分功能和结构的协调匹配，工程实施的计划、组织、管理行动的协调匹配。

协调匹配不是系统各要素的均衡叠加，而是使局部协调于总体，以总体目标的最佳实现为协调匹配的目标或标准。总体与局部之间能否实现 1＋1＞2 的目标，关键在于各局部是否协调于总体。

1975 年中东战争时，埃及使用的米格-25 型歼击机是当时飞行最快的飞机，使西方军界忧心忡忡。后来，美、日专家对该机进行分解研究发现，它的某些部件技术比较落后，但总体性能非常适合高空高速作战这一总体目标，是一个局部协调于总体的成功设计实例。

(4)以系统目标及其各要素的关联为前提。系统思维认为，弄清系统的目标是处理好一个系统问题的前提。它决定了系统的研究方向和评价标准。

弄清系统局部与总体、局部与局部、系统与环境之间的关联，是处理系统问题的依据。这是保证实现系统各要素协调匹配的关键。

通过上述对医学科学研究思维方式的阐述，可以看出创新思维所起的巨大作用与重要价值。创新思维是人脑思维活动的有意识努力和潜意识努力的结合。其基础是丰富的知识和经验的积累，其前提是积极主动的创新意识和有意识地不懈努力。在创新思维的诸多要素中，相似思维、求异思维和系统思维尤为重要。在创新活动中，既要注意运用相似思维对他人的智慧成果或其他事物的模式加以继承或借鉴，又要注意运用求异思维促成突破性的技术质变。借鉴与突破的结合、相似思维与求异思维的结合是创新活动的思维基础，同时，单一技术突破与多技术融合聚变相结合、简单思维与系统思维相结合，是全面的创新活动方式。因此，掌握创新思维的规律与特点对激活创新灵感、发掘科学潜力大有裨益。

创新力量不仅是指具有科学知识，科学知识加科学思维再加科学方法才等于创新力量。一切科研创新活动，不仅需要知识和经验，更需要创新意识和创新思维。可以说，创新思维是创新活动的基石，更是科学研究的灵魂。

第三章　实验动物科研设计的一般原则

第一节　实验动物课题设计的基本原则和程序

一、科学研究设计的基本原则

实验研究是研究中常用的方法之一。实验的目的常常是为了判断哪种药物更有效，哪些因子是致病因子，病理变化的机制是什么，哪种手术生存时间长等。由于研究对象是人或动物，是有生命的机体，具有广泛的变异性，对于外界刺激的反应千变万化。例如，同月龄同性别的一组小鼠，在某种等剂量毒物作用下其染色体突变发生率各不相同；又如相同疾病患者在服用同一种药物后，其疗效亦不尽一致。诸如此类现象广泛存在于医学领域，这些情况将混淆或掩盖人们所关心的实验结果的真实差异。研究者如何运用实验研究结果来回答事先提出的假设呢？这就需要精心安排好实验，通过设计实验规则来完成实验全过程。实验设计是研究医学科研中如何合理地安排好实验因素，考察实验效应的科学。其根本目的是使实验结果能够准确回答事先提出的问题，同时这一精确结果是在最少的人力物力和时间条件下获得的。为了达到这一目的，实验设计的任务就是通过控制误差，排除干扰，寻找主因，鉴别差异，修正数据，验证方法，挖掘信息，使实验研究高效率地获得高水平成果。

实验设计是研究工作的一个极其重要的组成部分。良好的设计不仅是实验过程的依据和处理结果的一个先决条件，也是使科研获得预期结果的一个重要保证。实验设计的主要作用就是减少误差，提高实验的精确度。实验设计应遵循以下 3 个基本原则，以达到控制实验误差的目的。

(一)对照的原则

1. 对照的意义

对照的意义在于鉴别处理因素与非处理因素的差异,消除和减少实验误差。在确定接受处理因素的实验组时,要同时设立不施加处理因素的对照组,这是非常重要的。因为只有设立了对照,才能消除非处理因素对实验结果的影响,从而把处理因素的效应充分显示出来,这是控制各种混杂因素造成系统误差的基本措施。在医学实验研究中,不乏这样的实例。例如,20 世纪 20 年代,结核病的金制剂疗法流行了 15 年之久,印度名医为此发表了数以百计的论文,并曾作为定论编入医学教材,在沿用 15 年后,由于采用了有对照的临床试验,才对它做出否定的评价。又如 1927 年,有人用大鼠实验,把一代代大鼠加以训练,使之趋光,对每代大鼠测定趋光速度,在没有选择的情况下,发现这种速度随世代而增加,于是认为这是获得性遗传效应的例证,而实际上是因未采用对照组;1936 年,克鲁(Crew)采用对照组(不予以训练)与处理组(给予训练)同时观察,发现这种遗传效应是存在的;后来艾加(Agar)等人又做了近 20 年的实验,发现不予训练的与训练的两组大鼠均有趋光速度随世代加快的现象,于是得出结论:这种现象不是由于训练所致的获得性遗传效应,而是多年中鼠群的健康状况变化所致。从上述实验可以看出,系统误差会导致错误的结论,误将非处理因素造成的偏倚当成了处理效应。只有设立对照后,经过一段时间的实验才能验证。

2. 对照的形式

对照有多种形式,可根据实验研究的目的及内容加以选择。

(1)空白对照。对照组不加任何处理因素。这在动物实验以及实验室方法学研究中常采用。如试验锌对雏鸡生长发育的影响,实验组加锌,对照组不加锌,实验因素完全是空白的,最后对比两组的增重。又如观察某种新疫苗预防某种传染病的效果,实验组的一批儿童接种这种疫苗,对照组的一批儿童不接种这种疫苗,也不接种任何免疫制品,实验因素完全是空白的,最后对比两组的血清学和流行病学指标。

(2)实验对照。在许多情况下,只有空白对照常不能控制影响结果的全部因素,而应采用与实验组操作条件一致的对照措施,即实验对照。对照组施加部分实验因素，但不是所研究的处理因素。如观察穴位注射某药对绵羊前胃弛缓的作用，实验组注射药物，对照组应以同样方法注射稀释药物的蒸馏水，取得两组的均衡，这样的对照就称为实验对照。再如，观察某种中草药预防学生流感的效果，实验组服用这种中草药，并且每天进行教室的消毒、换气；对照组虽然不服这种中草药，但也应和实验组一样进行教室的消毒、换气，以抵消教室消毒、换气这个实验因素带来的干扰，取得两者的均衡，这样的对照为实验对照。

(3)标准对照。不设立专门的对照组，而是用标准值或正常值做对照。例如，实验指标脉搏的对比，以正常值 72 次/min 做对照。实验研究一般不用标准对照，因为实验条件不一致，常常影响对比的效果。

(4)自身对照。对照与实验在同一受试对象身上进行。如用药前与用药后的对比，先用 A 药与后用 B 药的对比，都属自身对照。

(5)相互对照。不设立对照组，而是各实验组间互为对照。如几种药物治疗同一疾病，对比这几种药物的疗效，就是相互对照。

3. 几种不完善的对照

(1)历史对照。这种对照是将研究者以往的研究结果或他人的研究结果与本次研究结果做对照。历史对照应特别注意所用资料的可比性，明确各方面情况和条件是不是基本一致。如表 3-1 所示，各个作者不同时期食管癌手术切除率和死亡率的一个概貌，只能说明随着手术的改进，死亡率不断下降，绝不能以此做出某种手术方法优于另一种手术方法的结论，仅能作为参考。因为在不同条件下，不同时间和不同手术者所做的手术很难放在一起比较；另外，选择病例和手术例数也有很大差别：所以它们的可比性是较差的。除非影响实验的因素极小，鉴定指标非常明确，才能用历史对照。如要研究我国 14 岁儿童身高的变化，可以 1954 年的情况与 1994 年的进行比较。

表 3-1 国内外报告的食管癌手术切除率及手术死亡率

作 者	年 份	手术切除率(%)	手术死亡率(%)
Garlock(美)	1954	39.6	31.5
S'weet(美)	1954	52.1	17.5
吴英恺等	1954	52.0	18.4

续 表

作　者	年　份	手术切除率(%)	手术死亡率(%)
Potror(前苏联)	1957	19.0	50.0
谷钰之等	1957	89.1	8.0
Ellis(美)	1960	27.0	15.9
吴英恺等	1961	56.3	9.1
李温仁等	1961	45.5	5.0
中山恒明(日)	1968	39.7	4.9
Akakura(日)	1968	54.2	15.5
Younghusband(英)	1970	47.2	16.0
北京日坛医院外科	1971	81.4	4.0

(2)重叠对照。例如,欲观察生产有毒物质车间毒物对工人的影响,测定尿中的某一指标,对该车间工人工作前后均做了检查;同时又对不生产有毒物质车间的工人工作前后也做了检查,以此做对照。该实验既有实验组又有对照组,看来没有什么毛病,但细看一下,就会发现这个设计有两次对照,即重叠对照。本来有毒物质作业工人生产前后已经做了自身对照,没有必要再与其他车间比较。

(3)多余对照。如有新旧两种抗菌药,已知它们都是有效的,但不清楚它们的疗效程度、治愈快慢及不良反应的大小有何不同,这时只进行新旧药物比较即可解决,若再设立空白对照组就是多余的了。再如某一新药不知其有无疗效,这时必须设立对照组,以便了解药物的疗效是偶然产生的,还是药物的作用。

(4)对照不足。如有人设计某杀虫剂污染粮食对动物的毒性实验,观察污染因素对动物某些指标是否有不利影响。实验共分 3 组:污染米做饲料,污染带糠皮米做饲料,非污染米做饲料。此设计的实验结果,经统计处理可能出现以下 3 种情况:第 1 种情况是上述 3 组之间无显著差异,说明污染因素可能对实验指标没有不利影响。第 2 种情况是前两组与第 3 组有显著差异,说明污染因素可能对实验指标有不利影响。第 3 种情况是第 1 组与第 3 组无显著差异,而第 2 组与第 3 组有显著差异,这就判断不出是因污染因素引起的,还是食用带糠皮米造成营养不良所引起的。

即使是污染带糠皮米的毒性所致，也排除不了营养不良问题。此实验虽设计了非污染米对照组，但只能和污染米做对照，而不能和污染带糠皮米做对照，因此，它缺少一个非污染带糠皮米组。

4. 对照的均衡原则

设立对照应满足“均衡”原则，才能显示“对照”的作用。对照均衡的原则是指在设立对照时除给予的处理因素不同外，其他对实验效应有影响的因素（非处理因素）尽量均衡一致。这种一致性越好，就越能显示出实验的处理因素，从而减少非处理因素对结果的影响。例如，研究改良法测定胃液中唾液酸类酶蛋白的效量时，要求受试者的健康状况相同，采集标本的方法与时间一致，不同的只是一组用改良法测定，另一组（对照组）用原法测定，这样的测定结果才有可比性。对照均衡的原则，即对照组除了缺少实验处理因素之外，其他条件应当与实验组基本一致。又如，有人对硫酸铜溶液药浴预防和治疗奶牛瘸蹄病的疗效进行观察，选择甲牛场做实验组（药浴），选乙牛场作为对照组。两个牛场的卫生条件相差很大。最后，实验结果出现实验组瘸蹄病发生率比对照组低，并且差异显著。但这一差异是药浴起的作用，还是卫生条件起的作用？分辨不清。如果实验组卫生条件比对照组差，即使硫酸铜溶液药浴有效，也可能被卫生条件这一因素所掩盖，出现假阴性结果。反之，则出现假阳性结果。因此，在两个牛场的条件不一致的情况下，最好将一个牛场分成两个组进行观察。如因数量不足，需扩大到几个牛场，可将每个牛场分成实验组和对照组进行实验，最后将各牛场的实验组和对照组的结果分别汇总比较，这样就可达到均衡的目的。

（二）随机化的原则

1. 随机化的意义

前文已提到，对照组和实验组除处理因素不同外，其他非处理因素最好是完全一致的、均衡的。事实上，不可能做到完全一致和绝对均衡，只能做到基本一致和均衡。在实验中能使两者趋于一致或均衡的主要手段是随机化。“随机”不等于“随便”，随机的概念常常被严重误解和滥用。随机化的正确概念是，在抽样研究中，总体中每个单元（个体）都有相等机会被研究者抽取为样本；在实验研究中，每一个受试对象被分入对照组还是实验组，完全由机遇所决定，而不是由研究者主观上按某种倾向决定。只有按随机化原则分组，才能使每一个对象都有同等的可能性进入实验组或对照组。在全部实验中凡可能影响结果的一切顺序因素应一律加以随机化，否则，显著性检验便是无意义的。

2.随机化的方法

随机化的方法有多种，抓阄、摸球、抽签等方法均可使用。以摸球为例：将40只雌雄各半，品种完全相同的小鼠分成4个组。先将小鼠按体重大小顺序排列、编号，雄性为1～20号，雌性为21～40号。然后，用红、黄、蓝、绿4种颜色的球分别代表甲、乙、丙、丁4个组，将数量相等的4种颜色的球放入一个口袋里。每次摸取前都要彻底混合好，每次只取1个，然后再放入口袋，若第1次摸出的是红球，就将1号小鼠分到甲组；第2次摸出的是绿球，就将第2号小鼠分到丁组；第3次又摸出红球，因已出现过红球，应放回口袋，重新摸取；第4次摸出是蓝球，就将第3号小鼠分到丙组，第4号小鼠不必摸球决定，剩下的乙组就是第4号应分入的组。如此1～4号小鼠即分配完毕，5～8号，9～12号……也用同样方法分配。

在实验中，广泛应用随机化数字表和随机排列表进行随机化。随机数字表均互相独立，全部数字无论横向、纵向或斜向的各种顺序均呈随机状态，因此，使用时可从任何一处开始。

例1　设有供实验用的同性别家兔10只，按原始体重的大小依次编为1,2,3,4,…,10号，用完全随机法把它们分为甲、乙两组。方法是从随机排列表中任意指定一行(如第4行)，舍去10～19的双位数字后排列如表3-2所示。

表3-2　10只家兔随机化组表

动物编号	1	2	3	4	5	6	7	8	9	10
随机数字	6	1	5	4	10	7	8	3	9	2
所属组别	甲	乙	乙	甲	甲	乙	甲	乙	乙	甲

凡对应随机排列表中偶数者分入甲组，奇数者分入乙组。结果将1,4,5,7,10号家兔分入甲组，2,3,6,8,9号家兔分入乙组。

例2　设有大鼠15只，编为1～15号，从随机数字表任一数字开始，抄出15个数字，再以3除每个随机数字，余数得1的为甲组，余数得2的为乙组，余数得0的为丙组。结果是：甲组4只，乙组6只，丙组5只。3组只数不等，则应从乙组中取出1只放入甲组，这时不能随意从乙组中抽取，需进行随机化的调整。从随机数字表上继续抄一数字为33，以6（乙组6只）除之得余数为3，于是将乙组的第3只8号改为甲。调定后，甲组为3，4，8，10和11号，乙组为2，5，12，14和15号，丙组为1，6，7，9和13号。如表3-3所示。

表3-3　15只大鼠随机化分组情况

动物编号	1	2	3	4	5	6	7	8	9	10	11	12	13	14	15
随机数字	03	47	43	73	86	36	96	47	36	61	46	98	63	77	62
除3的余数	0	2	1	1	2	0	0	2	0	1	1	2	0	2	2
所属组别	丙	乙	甲	甲	乙	丙	丙	乙	丙	甲	甲	乙	丙	乙	乙
调整结果								甲							

例3　设A，B，C，D，E，F，G7个字母代表7种不同处理或7组动物，用随机数字表将其次序做随机排列。从随机数字表任一数字开始，抄出7个两位数，以7，6，5，4，3，2，1除之，除不尽者将余数写下，除尽者写除数。本例第1个数的余数是1，在A，B，C等字母中第1位是A；第2个余数是5，所剩下的6个字母中列在第5位的是F；…如表3-4所示。

表3-4　7组动物随机化分组情况

随机数字	71	59	73	05	50	08	22
除数	7	6	5	4	3	2	1
余数	1	5	3	1	2	2	1
字母	A	F	D	B	E	G	C

（三）重复的原则

1. 重复的意义

重复是指处理组与对照组的受试者要有一定数量，也就是样本含量大小问题。“重复”最主要的作用是估计实验误差。随机抽取样本虽能在很大程度上抵消非处理因素所造成的误差，但不能全部消除它的影响。实验误差客观存在，只有重复测量实验效应的指标，才能通过观测值的差异计算出实验误差大小。设置重复的另一作用是降低实验误差，从而提高精密度。随机误差的大小与重复次数（样本含量）的平方根成反比，重复越多，抽样误差越小。样本所含的数目越大或重复次数越多，则越能反映变异的客观真实情况。但若认为重复越多越好，也是不符合设计原则的。因为无限地增加样本含量，将加大实验规模，延长实验时间，浪费人力物力，增加系统误差出现的可能性。因此，正确估计一个实验的观察例数，是实验设计的重要内容。

2. 样本大小的估计

在实验设计中，要对样本的大小做出科学估计，也就是说，该实验用多少受试对象或取得多少数据才能满足实验的显著性。进行样本含量估计要依据以往经验、预初实验或文献资料所提供的参考数据。需要事先确定：①所比较的两个总体参数间的差值 δ，如 $\delta=\mu_1-\mu_2$ 或 $\pi_1-\pi_2$；②总体标准差 σ，常以样本标准差 S 估计；③Ⅰ类错误的概率 α，一般取 0.05 或 0.01；Ⅱ类错误的概率 β，常取 0.10 或 0.20；④把握度即检验效能 $1-\beta$，通常取 0.80 或 0.90，一般不宜低于 0.75，否则易出现假阴性结果；⑤明确取单侧或双侧检验。α、$1-\beta$ 和 δ 需要根据专业要求，由研究者规定。

设计样本含量应以各组例数相等为前提，估计样本含量可通过查表（统计学家根据有关计算公式编制的样本含量便查表），也可以通过公式计算，下面介绍假设检验中常用的几种样本含量估计方法。

（1）样本均数与总体均数（或配对）比较：

①按下式计算：

$$n=[(\mu_\alpha+\mu_\beta)S/\delta]^2 \tag{3-1}$$

式中：n 为所需样本含量，S 为总体标准差的估计值，δ 为容许误差，μ_α 和 μ_β 由 t 界值表（$\upsilon=\infty$）查得，μ_α 有单侧和双侧之分，μ_β 只取单侧值。

②直接查配对比较（t 检验）时所需样本例数表（在统计学书籍中都有此附表），此表也可用于样本均数与总体均数比较的样本含量估计。

例 1　用某药治疗矽肺患者，估计可增加尿矽排出量，其标准差为 2.5mg/dl，若要求以 $\alpha=0.05$，$\beta=0.10$ 的概率，能辨别出尿矽排出量平均增加 1mg/dl，问需用多少矽肺病人做实验？

本例：$\delta=1$，$S=2.5$，单侧 $\alpha=0.05$，$u_{0.05}=1.645$，$\beta=0.10$，$u_{0.10}=1.282$，代入式 3-1，得：

$$n=[(1.645+1.282)\times 2.5/1]^2=53.5,\quad 取 54(人)$$

再以尝试法 $n=54$，$\upsilon=54-1=53$，查 t 界值表，得单侧 $t_{0.05,53}$

＝1.674。

$$n=[(1.674+1.282)\times 2.5/1]^2=54.6,\quad \text{取 } 55(\text{人})$$

即趋于稳定。

查配对比较（t 检验）时所需样本含量表，单侧 $\alpha=0.05$，$\beta=0.1$，$\delta/\sigma=1/2.5=0.4$，得 $n=55$（人）。与计算结果相同。故可认为需治疗 55 位矽肺病人。即以 55 例进行试验，如该药确能增加尿矽排出量，则有 90％（即 $1-\beta$）的把握可得出有差别的结论。

（2）两样本均数比较：

①按下式计算

$$n=2[((\mu_\alpha+\mu_\beta)S/\delta)]^2 \tag{3-2}$$

式中：n 为每个样本所需例数，通常设计两样本例数相等，以提高统计效率；S 为两总体标准差的估计值，一般假设其相等；δ 为两均数的差值，μ_α 和 μ_β 的意义同前。

②直接查两样本均数比较（t 检验）时所需样本例数表。

例 2　比较两种催眠药效果，服甲药后平均入睡时间为 40min，服乙药后平均入睡时间为 25min，两药入睡时间合并标准差 Sc 为 30min，若使两药差别具有统计学意义（$\alpha=0.05$，$\beta=0.10$），正式试验需要多少人？

本例：$\delta=40-25=15min$，$Sc=30min$，双侧 $\alpha=0.05$，$u_{0.05}=1.960$，$\beta=0.10$，$u_{0.10}=1.282$。代入式 3-2，得：

$$n=2\times[(1.960+1.282)\times 30/15]^2=84(\text{人})$$

查两样本均数比较（t 检验）时所需样本例数表，双侧 $\alpha=0.05$，$1-\beta=0.90$，$\delta/S=15/30=0.5$，得 $n=84$（人）。与计算结果相同。

按式 3-1、式 3-2 算得的 n 是基于正态近似原理，一般较查表法（基于 t 检验原理）结果偏少 1～2 例，有人主张对上述结果再加 1～2 例作为校正。

（3）两样本率比较：

①按下式计算：

$$n=(\mu_\alpha+\mu_\beta)^2\times 2\times p\times q/(p_1-p_2)^2 \tag{3-3}$$

式中：n 为两样本分别所需例数，$p1$ 和 $p2$ 分别为两总体率的估计值，p 为两样本合并率，$p=(p1+p2)/2$，q 为 $(1-p)$，μ_α 和 μ_β 和意义同前。

②直接查两样本率比较时所需样本例数表，单侧查两样本率比较时所需样本例数（单侧）表，双侧查两样本率比较时所需样本例数（双侧）表。

例 3 某医院试用甲、乙两药治疗冠心病，初步得出甲药显效率为67%，乙药显效率为39%，问若使两药疗效差别有显著性，$\alpha=0.05$，$\beta=0.1$，正式试验时每组需要观察多少病人？

本例：$p1=0.67$，$p2=0.39$，$p=(0.67+0.39)/2=0.53$，双侧 $u_{0.05}=1.960$，单侧 $u_{0.10}=1.282$，代入式 3-3，得：

$n=(1.960+1.282)^2\times2\times0.53\times0.47/(0.67-0.39)^2=67$（人）

二、科研工作的基本程序

科学研究就方法来说是提出假说，验证假说的过程，其工作程序是紧紧围绕这条主线进行的。科研工作基本程序及相互关系如图 3-1 所示。

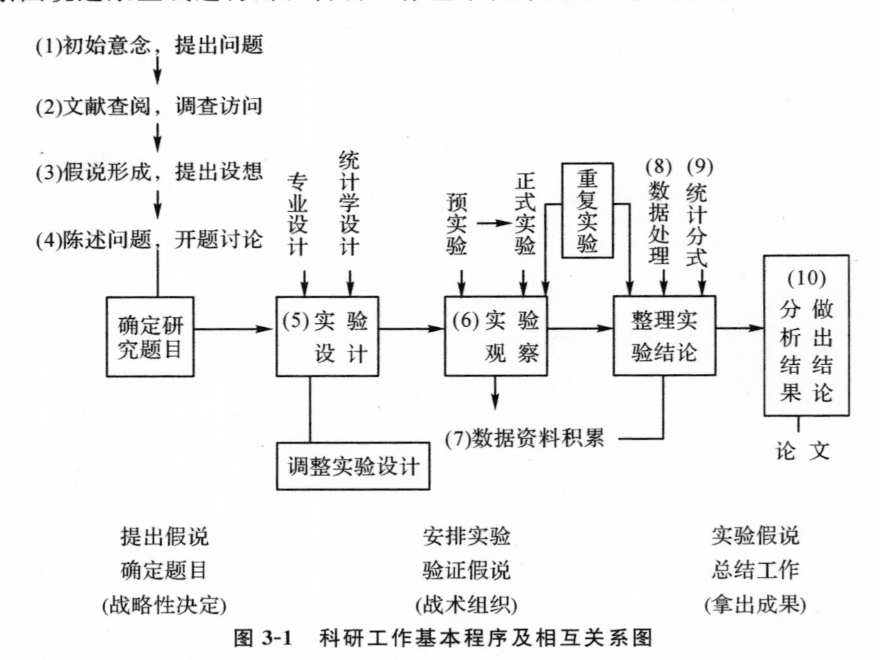

图 3-1 科研工作基本程序及相互关系图

1. 提出假说、确定题目，是战略性决定

（1）初始意念，提出问题；

（2）文献检阅，调查访问；

（3）假说形成，提出设想；

(4)陈述问题，开题讨论。

2.安排实验，验证假说，是战术组织

(5)实验设计；

(6)实验观察；

(7)数据资料积累。

3.总结工作，完成论文，是拿出战果

(8)数据资料处理；

(9)统计分析；

(10)提出结论。

第二节　研究设计的基本内容

疾病防治的效果及各项实验研究结果，受到许多因素的影响。一项较好的研究工作，应该有合理的读者论坛。如果事先没有经过周密的考虑，在设计上存在较大的问题，就不可能通过统计分析得出比较可靠的科学结论。

为了能以较少的人力物力获得明确可靠的结论，在进行研究之前，应针对研究目的，经过深思熟虑后制订出包括最后如何统计分析在内的整个研究工作计划。虽然在研究过程中有时也需要对计划做必要的修改，但是，如果没有一个全盘计划，做了上一步再考虑下一步，则容易导致研究工作进展不理想甚至失败，这是研究工作中必须注意避免的。

一、研究立题

从临床实践和实验室积累的资料中发现问题，结合查阅文献资料提出需要研究解决的方法，建立科学假说以及解决问题的过程，即研究立题。研究能否顺利进行并得出预期结果，正确地选择和确立课题是先决条件。正确的选题需要较高的学术水平和专业知识，还需敏锐的洞察力、判断力和清晰的思维。研究主题要求有明确的目的性、充分的科学性、技术的先进性和现实的可行性。

二、研究对象

研究对象是根据研究目的而确定的。动物实验应考虑动物对施加处理因素的敏感性，应考虑动物的种属和品系、年龄、性别。例如，研究醋酸棉苯酚对友邻性动物生殖功能的影响时，小鼠对此不敏感，应选用地鼠或大鼠。又如，雄性大鼠血中促性腺激素波动较小，而雌性随着发情周期有明显的波动，观察某处理因素对血中促性腺激素的影响应考虑性别的影响。临床实验的对象应有明确的规定。诊断要准确。例如在研究慢性气管炎时可规定为“每年连续咳嗽 2 个月，连续 2 年或 2 年以上者，或者连续咳嗽 3 个月及 3 个月以上者”为慢性气管炎病人。对象中当然应排除其他原因引起的长期咳嗽患者。

三、设立适当的对照

无论动物实验还是临床实验一个重要原则就是必须设立对照。某病发病率的升高与降低，某药物疗效的有与无，体内某生化指标浓度的增加与减少，只有通过比较才能看出差异。比较的基准就是对照。在研究工作中观察处理因素（药物、手术等）对观察对象的影响，必须设立其他各方面与实验组完全一样，仅不施加处理因素的对照。只有这样，处理因素对实验的作用才能通过与对照之间的差异体现出来。

在设立实验与对照时，还要求遵循齐同对比的原则。所谓齐同对比，就是要求在相互比较的各组间，除了对要研究的特定的处理因素外，其余条件，特别是可能影响研究结果的条件，要尽量相同。在动物实验中，要求实验组与对照组间的种系、性别、年龄、体重、窝别、毛色等尽可能地一致；临床研究中要求两组病人的性别、年龄、体质、病情（期、型）等尽可能一致。

对照组在研究工作中与实验组同等重要。一般以两组的例数相等时研究效率最高。那种忽视对照组或安排给对照组例数很少的做法是不可取的。对照有下列不同形式，可根据实验研究的具体情况选择：

（1）空白对照。指不加任何处理的空白条件下观察自发变化规律的对照。如兔白细胞数每天上下午有周期性生物钟变化。

（2）自身对照。有两种情况：一是受试对象在实验前后的自身对比观察；二是受试对象在两个不同时期的对比观察，如前一时期用甲药，后一时期用乙药，最后对比两药的疗效，这里要考虑药物有无后效应。

（3）标准对照。指以标准值或正常值做对照，以及在所谓标准条件下进行观察的对照。如研究饲料中维生素 E 的缺乏对动物肝中维生素 A 含量的影响，正常饲料组大白鼠肝中维生素 A 含量为对照，这里的正常饲料组就是标准对照。研究药物的疗效时，可用现有的标准治疗方法为对照组。

（4）实验对照。是采用与实验相同操作条件的对照。例如给药实验中的溶媒、手术、注射以及观察抚摸等都可以对动物产生影响。研究几种中草药烟薰剂的空气灭菌作用，如果只采用空白对照，最后并不能说明实验结果是中草药烟薰的作用还是烟薰本身的作用。为了排除烟薰的作用，除设立空白对照外，还应设立不加中草药的单纯烟薰对照，这就是实验对照。

（5）相互对照。也称交叉对照，即各实验组间互为对照。例如比较几种药物对某种疾病的疗效时，如研究目的是比较某疗效差别，就不必另设对照，各实验组间可互为对照。

（6）历史对照与正常值对照。这种对照要十分慎重，必须要条件、背景、指标、技术方法相同才可进行对比，否则将会得出不恰当的错误的结论。

（7）实验重复和肯定。选用动物一方面要数量合适，不造成浪费，另一方面也应做必要的重复实验。有些实验单用一种动物还不够，应当多用几种动物进行实验。这不仅可以比较不同动物的差别，而且可以在不同动物实验中发现新问题，提供使用不同指标的线索。此外，把一种动物的实验结果外推到其它动物甚至推论到临床是不正确的，有时是十分危险的。如动脉粥样硬化的实验，不同动物的血管的结构、病变、α 和 β 脂蛋白的比例以及胆固醇的水平各有不同，这样不仅可以比较一些不同动物的病理变化，也可以根据这些不同的变化寻找生化指标与病变形成的关系，把实际工作推进一步。由于不同种属动物有不同的功能和代谢特点，所以在肯定一个实验结果时最好采用 2 种以上的动物进行比较观察，其中 1 种应该是非啮齿类的。尤其是动物实验结果要外推到人的实验，所选用的动物品种应不少于 3 种，而且其中之一应不是啮齿类动物。常用的生物序列是小鼠→大鼠→犬（或猴）。

四、确定研究对象的数量

一种疾病的防治效果，受许多因素的影响，如果只观察少数几个人，就很难比较确切地了解防治效果究竟如何。某一个地区人群的丝虫感染率受当地蚊子密度、蚊子感染程度、个人防护、机体抵抗力、普查普治情况等许多因素影响，如果只调查少数几个人，也是很难反映当地人群丝虫感染程度的。在同样的条件下，调查研究的对象越多，则所获结论越可靠。但是对象太多，工作量大，耗费大量人力物力，工作不易做得仔细，反而可能影响工作质量。究竟需要多少研究对象，这就是统计学上的“样本大小”问题。

五、确定观察指标

选择准确、恰当的观察指标定量或定性地表述实验的结果，是研究工作中的一个重大问题，直接关系到研究工作质量的好坏。在选择观察指标时要考虑以下几点：

（1）特异指标与非特异指标的组合。指标的选择取决于实验目的。指标必须能反映所施加处理的效应。一类是特异指标，例如，观察一种新药对血吸虫病的疗效可以粪便中血吸虫卵的转阴率为指标。另一类是非特异指标，即除反映所施加处理的效应外，也受到其他相关因素的影响。例如观察镉接触人群的健康损害时，尿蛋白是镉引起肾功能受损的指标，其他影响肾功能的疾病也可引起尿蛋白。对这类非特异指标应考虑尿镉浓度、尿蛋白、尿钙浓度、尿酶多项指标的组合分析。

（2）尽可能选择客观指标。体温、心率、白细胞计数、尿胆红质等都是客观指标，能定量反映实验效应。而痛感、食欲不振、睡眠不佳、周身不适等都是主观指标，很难客观地以衡量和验证。一般认为客观指标比主观指标好，可减少或消除心理因素或主观偏向的影响。

（3）指标的可行性。盲目追求“高、精、尖”是不可取的。如果指标的关联性不密切，电子显微镜或 CT 并不比光学显微镜或普通 X 光检查“水平”更高。

六、随机化分组

所谓随机化是指每一个受试对象被分入对照组还是实验组完全由机遇所决定的，而不是由研究者主观上按某种倾向决定。只有按随机化原则分组，才能使每一个对象都有同等的可能性进入实验组或对照组。最简单的随机化方法是抽签。例如有18只动物要分成3组，我们就可把18只动物编18个号码，充分混合号签后各取6个为一组。

随机化分组的目的是保证对照组和实验组之间的均衡可比。在随机化分组时，如有某些因素要严格保持齐同，还可采用分别进行随机化分组的方法。如某一项研究工作中有男病人28例，女病人16例，为了使两组男女病人数相同（即各有男14例，女8例）可以分别进行随机化分组，即先将28例男病人随机分成2组，再将16例女病人随机分成2组。

若研究对象较多，不便抽签，可以利用随机数字表进行随机化分组。

在动物实验中进行随机化分组一般没有什么困难，而在临床研究工作中，应该注意的是，随机并不是把某病就诊者不加选择地作为观察对象。事实上临床实验对象是有选择的，随机化原则只是使符合入选标准的受试对象有同等的可能性进入试验组或对照组。

七、设计原始记录表

实验开始前应当仔细考虑哪些项目需要加以记录。记录表中应包括为了检查核对用的项目，如病人姓名、年龄、住院号、门诊号等；也应包括研究分析用的观察项目。根据这些项目列出原始记录表（一览表或卡片）。

记录表中要求填写的项目应有明确规定的量化标准，否则可能难以统计分析。例如，研究吸烟与肺癌的关系，调查表中询问“香烟质量”栏中填写“差”“一般”“好”。由于定义不明确，既难以记录又难以进行统计分析，应以价格高低划分等级。

八、考虑好统计分析的方法

在研究设计中要考虑好最后将用什么方法进行统计分析。据此又可对收集资料的方法及内容提出进一步的要求。研究设计和统计方法是紧密联系的。熟悉统计方法是做出较好的研究设计的有利条件。

以上只是从统计学的角度对研究设计工作进行了一些讨论。事实上,医学科学研究设计中还有许多复杂问题,如临床实验的伦理道德问题、测定方法、仪器设备等都需事先确定和注意。

第四章　实验动物研究设计的方法

实验设计方法主要是对实验中的处理因素进行合理的安排，以达到经济、高效的目的。目前实验设计技术正在不断改进，特别是多因素设计，有了很大发展。

一种类型的研究设计就有一种类型的统计分析方法。实际工作中设计类型有很多，可根据实验目的和要求选择应用。

一、完全随机化设计

完全随机化设计亦称单因素设计，是将每个研究对象随机地分配到对照组和各水平组(处理组)。该设计的优点是设计和处理都比较简单，分组时可以用抽签法，也可以用随机数字表来解决。具体方法举例如下。

(一)将研究对象分为两组

例　设小鼠16只，试用随机数字表把它们分成2组。先将小鼠按体重依次编好为1,2,…,16号，然后在随机数字表内任意确定一个起始点和走向。假定自第六行第一个数字开始，依横的方向抄录，得91,76,21,…,84等16个数字。现令单数代表A组，结果列入甲组的动物共7只，列入乙组的动物共9只，如表4-1所示。

表4-1　16只小鼠随机化分组情况

动物编号	1	2	3	4	5	6	7	8	9	10	11	12	13	14	15	16
随机号	91	76	21	64	64	44	91	13	32	97	75	31	62	66	54	84
级别	甲	乙	甲	乙	乙	乙	甲	甲	乙	甲	甲	甲	乙	乙	乙	乙

照上面的分配，两组数目不相等。如要使它相等，须把乙组小鼠减少一只改归甲组。应把哪一只小鼠改变组别呢？一般采用的方法是仍

在随机数字表第六行里继续抄录一个数字 78，此数以 9 除之（因为归入乙组的动物有 9 只，故用 9 除之）得余数为 6，于是我们乙组把第六只（即第 13 号）小鼠改归给甲组，经过这样调整以后，两组小鼠编号的分配如表 4-2 所示。

表 4-2 16 只小鼠随机化分组情况

甲组	1	3	7	8	10	11	12	13
乙组	2	4	5	6	9	14	15	16

（二）将研究对象分为三组

动物 18 只，随机等分成 A，B，C 3 组。将动物编号后，应用随机数字表来分配，假定从第十一行第一个数目开始，依照斜角线抄下 18 个数目，将各数一律以 3 除之，并以余数 1，2，3 代表 A，B，C，结果归入 A 组的动物有 6 只，归入 B 组的动物有 4 只，归入 C 组的动物有 5 只，如表 4-3 所示。

表 4-3 18 只动物随机化分组的情况

动物编号	1	2	3	4	5	6	7	8	9	10	11	12	13	14	15	16	17	18
随机号	14	23	49	46	21	62	45	34	22	19	22	64	61	73	20	63	88	86
以 3 除后的余数	2	2	1	1	3	2	3	1	1	1	1	1	1	1	2	3	1	2
组别	乙	乙	甲	甲	丙	乙	丙	甲	甲	甲	甲	甲	甲	甲	乙	丙	甲	乙

结果 3 组的动物数不相等，须把原归入甲组的动物中的 1 只改分到乙组去，3 只改分到丙组去，使 3 组各有 6 只动物。从表中第 49 行 13 栏向下查阅，抄录 4 个数字（须从甲组调出 4 只动物），即 48，62，91，03，分别以 10，9，8，7 除之，取得数据如表 4-4 所示。

表 4-4 按随机数字表分组情况表

随机数	48	62	91	03
除数	10	9	8	7
余数	8	8	3	3

即应把甲组 10 只动物中的第 8 只调入乙组，剩下 9 只的第 8 只调入丙，剩下 8 只动物中的第 3 只调入丙组，剩下 7 只动物中的第 3 只调入丙组。调整后各组的动物编号如表 4-5 所示。

表 4-5 18 只动物随机化分组的情况

甲组	3	4	10	11	12	17
乙组	1	2	6	13	15	18
丙组	5	7	8	9	14	16

对于完全随机设计数据的分析，可以用完全随机设计数据方差分析法，但如果只有两组作对比，也可以用成组比较的 t 检验法。

二、配对设计

配对设计是将观察对象配成对子，每对中的个体施以不同处理。此法是解决均衡性的一个较理想的方法，可以事先对影响实验因素和实验条件加以控制，尽可能取得均衡，减少两组间的误差。配对设计的效率取决于配对条件的选择。应将非实验因素作为配对条件，如性别、年龄、环境条件等，而不应以实验因素为配对条件。动物实验常把窝别、年龄、性别相同，体重相近的动物配成对子；人群实验中，常将种族、性别相同，年龄、工作条件相似的人配成对子：分别把每对中的两个受试者随机分配到实验组和对照组，或不同处理组。

某些医学实验可采用自身对照，也称同体比较，即观察同一受试对象在某处理前、后的反应。例如用同一批动物处理前后做比较，一组病人治疗前后做比较，以及同一批样品用不同的检验方法的比较，也都属于配对实验。在临床研究中同时找到足够数量的各种情况相似的病人是极困难的，对每获得的两个相似病例给予两种处理，积累到一定数量时，进行比较分析。现在在流行病学、病因学的调查研究中，也大量应用配对设计。

本设计的缺点是在配对的挑选过程中，容易损失样本含量，并延长实验时间，且其间的条件易发生变化。

三、配伍组设计

(一)设计方法

配伍组设计即随机区组设计，它是田间设计在医药实验设计中的应用。将受试对象按相同和近似的条件(实验动物的性别、年龄、体重等，病人的性别、年龄及病情等对实验结果有影响的非实验因素)组成配伍组,每个配伍组中,受试对象的个数等于处理的组数。再将每个配伍组内的受试对象随机分配到各处理组中,各个处理组的处理对象相同、生物学特性也基本均衡,这是对完全随机设计的改进。这种设计效率比较高。举例如下:

将 24 只不同体重的动物分成 4 组,如表 4-6 所示。

表 4-6 配伍组设计实验动物分组表

动物编号	1	2	3	4	5	6	7	8	9	10	11	12
随机数	31	46	98	—	32	43	50	—	27	89	87	—
除数	4	3	2	—	4	3	2	—	4	3	2	—
余数	3	1	4	—	1	2	3	—	3	2	1	—
组别	丙	甲	乙	丁	丁	甲	丙	乙	丙	乙	甲	乙
动物编号	13	14	15	16	17	18	19	20	21	22	23	24
随机数	19	20	15	—	37	00	49	—	52	85	66	—
除数	4	3	2	—	4	3	2	—	4	3	2	—
余数	3	2	1	—	1	3	1	—	4	1	2	—
组别	丙	乙	甲	丁	甲	丁	乙	丙	丁	甲	乙	丙

先按动物的体重等分为 6 个区组,每个区组各有 4 只体重基本相同的动物。依次编好号码,第一窝 4 只动物编为 1,2,3,4 号,第二窝编为 5,6,7,8 号,其余类推。然后在随机数字表中任意指定一个点。假使指定第 20 行第一个数字为起点,并依横的方向抄录数目,先抄录 3 个数目为 31,16,93,为随机分配第一窝动物之用,我们可以将这 3 个数目依次以 4,3,2 除之,第一个数目 31,除以 4 得余数 3,将第一号动物分配于 C 组(第 3 组);第 2 个数目 16 除以 3 得余数 1,将第 2 号动物分配于剩下的 A,B,D 三个组中的第一组(即 A 组)去;第 3 个数目 93 除以 2 得余数 1,将第 3 号动物分配到剩余的 B,D 两组中的第一组(即 B 组)去;第 4 号动物即分入剩余的 D 组。第一窝动物分配完了以后,再继续抄录随机数据,用同样方法把其余各窝动物分配到各组去,结果如表 4-7 所示。

表 4-7 24 只动物分 4 组的动物编号表

甲组	3	4	10	11	12	17
乙组	1	2	6	13	15	19
丙组	5	7	8	9	14	16
丁组	4	5	12	16	18	21

假如这个实验的 4 种处理方法为甲、乙、丙、丁，哪一种方法用 A 组动物，哪一种方法用 B 组动物，我们还可以用随机数字表进行分配(抄录 3 个随机数字，分别以 4,3,2 除之，按余数进行分配)。

同一个研究对象用不同方法或在不同部位、不同时间对某一指标的测定结果也是一种随机区组设计。对于随机区组设计数据的分析，可用相应的方差分析法。如果仅是两组，也可以用成对比较的 t 检验法。

随机区组设计中把条件一致的研究对象编入同一区组并分记于各研究组，使各研究组之间可比性更强，在最后的统计分析中由于扣除了各区组间不同条件产生的影响，因而随机误差比较小，研究的效率较高。

(二)配伍组概念的扩大

在动物实验中，常把同窝、同性别、相同体重的几个动物作为一个配伍组，再把配伍组内的个体随机分配到各个处理组中去，按若干配伍组进行实验。此外，在同一个实验个体不同部位以及同一份检验材料分为几部分用不同处理的资料，都可按随机配伍组设计进行分析。

从上述各例中可以得到“随机配伍组”的一般概念了。为了更好地理解配伍组的概念，我们再举以下一些例子。

(1)动物营养实验，不同状况的动物对给定的处理因素的反应是不同的，所以用同胎动物作为配伍组会使效果更好些。

(2)在进行药物实验时，不同情况的病人会有不同的疗效，因此必须选择情况相近的病人作为配伍组来接受处理。

(3)实验中常由于操作者个人的特性影响实验结果，如果全部要比较的处理因素包括着不同的操作者的比较，那么无疑实验操作者就是配伍组。

(4)在临床化验时，虽然可用特定的病人来做，但病人间也会有差异的，为了不使病人间的变异影响到化验结果，也要把不同病人的材料作为配伍组。

配伍设计的优缺点与配对设计基本相同，只不过它的应用范围比配对更大而已。

（三）均衡不完全配伍组设计

1. 设计方法

均衡不完全配伍组设计又称均衡不完全区组实验。在配伍实验中每个配伍组必须安排足够的实验处理因素数，但有时要比较的处理比配伍组所容纳的处理要多些，配伍组不能把所有处理安排进去。这时可使用均衡不完全配伍组设计。可有计划地安排每个配伍组的处理，使全部实验中每种处理的重复数相等，每两种处理同时出现在一个配伍组的次数相等的设计方法如表 4-8 所示。

表 4-8 均衡缺项设计

配伍组号	处理因素			
1	A	B	C	D
2	A	B	C	E
3	A	B	D	E
4	A	C	D	E
5	B	C	D	E

表 4-8 处理是 A,B,C,D,E5 个因素，每个配伍组只能容纳 4 个处理，这样势必在每个配伍组中有一个处理安排不进去。如第 1 配伍组只能安排 A,B,C,D4 个处理，没有 E，第 2 配伍组只安排 A,B,C,E4 个处理，没有 D，这样一来配伍组都是缺项的，但是为了保持设计的均衡性，又必须使每个处理出现的次数完全相同，所以这种设计既是不完全配伍组又是均衡的。设计时可使用均衡不完全配伍组设计表。

2. 设计特点

每个处理在 5 个处理中的 4 个区均出现一次。任何两个成对处理在 5 个配伍组中只出现 3 次，如 A,B 对在 1,2,3 配伍组中各出现一次；C,D 对在 1,4,5 配伍组中各出现一次，其它对也是如此。

指定的一对处理间的直接比较不能在其它的两个配伍组进行，在配伍组 2 中无 D，在配伍组 4 中无 B。然而出现在配伍组 2 与 4 中 A，C 可以做出满意的比较，它是应用这三者的平均数作为“标准”。因为配伍组 2 与 4 中 A，C 均出现两次。

3. 设计要求

(1)每处理重复次数(r)与处理数(υ)的乘积等于配伍组数(b)与每配伍组中实验单位(k)的乘积，即实验单位总数为 $r\upsilon=b\kappa$。本例 $r=4$，$\upsilon=5$，$b=5$，$\kappa=4$，实验单位总数为 $4\times5=5\times4$，即 $20=20$。

(2)每两组处理同时出现的配伍组数 $\lambda=r(\kappa-1)/(\upsilon-1)$，必须为整数。本例 $\lambda=4(4-1)/(5-1)=3$。

四、交叉实验设计

将 A，B 两种处理先后施加于同一批实验对象，随机地使半数对象先接受 A，再接受 B；另一半对象先接受 B，再接受 A。两种处理在全部实验过程中“交叉”进行称为交叉实验。由于 A 和 B 处于先后两个实验阶段的机会是相等的，因此平衡了实验顺序的影响，而且能把处理方法之间的差别与时间先后之间的差别分开来分析。如一批慢性病患者先后接受两种疗法，比较其疗效，可用此法。

(一)设计

(1)提出做比较的 AB 两种标准。

(2)确定受试对象的例数必为偶数，并编号。尽量使相邻的第 1，2 号条件近似，第 3，4 号条件近似，其余类推。

(3)指定各单号随机确定接收两种处理的顺序，并规定各双号的顺序与单号的顺序相反。因此按 A－B 顺序与按 B－A 顺序的例数必然相等，达到平衡。

(二)分析

一般可用秩和检验，对符合方差分析条件者，用方差分析效率更高。

五、析因设计

在实验研究中,常会出现两因素或多因素不同水平间的协同作用或拮抗作用,即交互作用。析因分析实验设计数据的方差分析就是比较各因素之间有无交互作用。析因设计是一种多因素的交叉分组实验设计,交叉分组是通过各因素各水平间的相互组合进行的。总的实验数是各因素水平数的乘积。如 2 个因素 A,B 同时实验,每个因素取两个水平,实验总数为 2×2=4,即 A1B1、A1B2、A2B1、A2B2。如水平是 3 个,实验总数为 3×3=9。

2×2 析因设计 2 个因素 A,B 各两个水平同时实验,如表 4-9 所示。

表 4-9　2×2 列表

B	A	
	A1	A2
B1	A1B1	A2B1
B2	A1B2	A2B2

(一)交互作用

当一个因素的水平发生变化时,另一个因素的效应也随之变化,这说明各因素不是各自独立的,因素间存在交互作用。当一个因素的水平发生变化时,另一个因素的效应不受影响,这说明各因素具有独立性,因素间不存在交互作用。

例如,12 例病人的疗效观察,3 种药物分为 4 组,给予不同治疗,如表 4-10 所示,即①一般疗法;②一般疗法+甲药;③一般疗法+乙药;④一般疗法+甲药+乙药。甲药与乙药均可分为有用和不用两个水平,如表 4-11 所示,用一个 2×2 的设计,设置甲药和乙药同时使用,也分别单独使用,从而检验甲药与乙药之间有没有交互作用。

从表 4-12 所示的四组均数来看,2 组和 4 组有较多红细胞增加,其中又以 4 组为最多。如果 4 组红细胞的增加单纯由于加用了甲药而与乙药无关的话,理论上红细胞平均增加数 4 组与 2 组应相同,而现在却相差 0.9,不用甲药 1 组与 3 组相差 0.2,两者的差数为 0.7。即 4 组与 2 组的差数(用甲药)为2.1－1.2＝0.9;3组与1组相差数(不用甲药)为1.0－0.8＝0.2。交互作用(上述两差数的差数)为0.7。

通过方差分析的一系列计算数值见表4-12所示。交互作用F为36,F0.01＝11.3,F＞11.3,故P＜0.01,说明甲药与乙药的交互影响非常有意义。

表4-10 治疗缺血性贫血4种不同疗法一个月后红细胞增加数($\times 10^6/mm^3$)

	第一组	第二组	第三组	第四组	合计
	0.8	1.3	0.9	2.1	5.1
	0.9	1.2	1.1	2.2	5.4
	0.7	1.1	1.0	2.0	4.8
合 计	2.4	3.6	3.0	6.3	15.3
均 数	0.8	1.2	1.0	2.1	1.28

表4-11 甲药与乙药的交互表

		乙 药		合计
		不用	用	
甲药	不用	2.4	3.0	5.4
	用	3.6	6.3	9.9
合 计		6.0	9.3	15.3

表4-12 治疗缺血性贫血4种不同疗法的方差分析

变异来源	自由度	离均差平方和	均方	F
总处理间	3	2.96		
甲药	1	1.69	1.69	196
乙药	1	0.91	0.91	91
交互作用	1	0.36	0.36	36
误差	8	0.08	0.01	
总变异	11	3.04	—	

表 4-13 培养钩端螺旋体因素及水平

因 素		水 平	
基础液(A)	缓冲液(A_1)	蒸馏水(A_2)	自来水(A_3)
血清种类(B)	兔血清(B_1)	胎盘血清(B_2)	
血清浓度(C)	5%(C_1)	8%(C_2)	
添加剂(D)	加 B_{12} 及烟酸(D_1)	加 B_{12} 及烟酸(D_2)	不加 B_{12} 及烟酸(D_2)

(二)多因素不同水平的析因分析

多因素的析因分析,也可研究因素间的交互作用。其设计和分析较 2×2 设计虽复杂些,但它显示出非常高的效率。下面以钩端螺旋体培养实验为例进行说明,如表 4-14 所示。

培养钩端螺旋体因素除固定 pH=7.2～7.4 和温度=28℃外,对基础液、血清种类、浓度和添加剂 4 个因素进行设计。

此设 A 因素为 3 个水平,其余 3 个因素均为 2 个水平,构成 3×2×2×2=24 种组合,即有 24 种不同成分的培养液。

表 4-14 钩端螺旋体培养的析因这实验设计及结果

		兔血清(B_1)		胎盘血清(B_2)	
		5%(C1)	8%(C2)	5%(C1)	8%(C2)
缓冲液(A_1)	加添加剂	$A_1B_1C_1D_1$	$A_1B_1C_2D_1$	$A_1B_2C_1D_1$	$A_1B_2C_2D_1$
	(D_1)	6221	6685	2796	3984
	不加添加剂	$A_1B_1C_1D_1$	$A_1B_1C_2D_2$	$A_1B_2C_1D_2$	$A_1B_2C_2D_2$
	(D_2)	4201	6537	3154	2892
蒸馏水(A_2)	加添加剂	$A_2B_1C_1D_1$	$A_2B_1C_2D_1$	$A_2B_2C_1D_1$	$A_2B_2C_2D_1$
	(D_1)	5301	6958	2411	3163
	不加添加剂	$A_2B_1C_1D_2$	$A_2B_1C_2D_2$	$A_2B_2C_1D_2$	$A_2B_2C_2D_2$
	(D_2)	6806	7152	3051	3791
自来水(A_3)	加添加剂	$A_3B_1C_1D_1$	$A_3B_1C_2D_1$	$A_3B_2C_1D_1$	$A_3B_2C_2D_1$
	(D_1)	5529	6387	3307	3696
	不加添加剂	$A_3B_1C_1D_2$	$A_3B_1C_2D_2$	$A_3B_2C_1D_2$	$A_3B_2C_2D_2$
	(D_2)	3462	6089	4794	2392

每种培养液的成份不同，如 $A_1B_1C_1D_1$ 是用缓冲剂，5%的兔血清加 B_{12} 及烟酸所制成的培养液，又如 $A_2B_1C_2D_2$ 是用蒸馏水，8%的兔血清不加 B_{12} 及烟酸所制成的培养液。每种培养液观察 4 次。按各因素分别进行总和得以下各数值：

兔血清　　6221＋4201＋5301＋……＋8089＝71301

胎盘血清　　2796＋3154＋2411＋……＋2392＝39371

血清浓度 5%　　6221＋4201＋5301＋……＋4794＝51033

血清浓度 8%　　6685＋6537＋6958＋……＋2392＝59666

加 B_{12} 及烟酸　　6221＋6685＋2794＋……＋3696＝56388

不加 B_{12} 及烟酸　　4201＋6537＋3154＋……＋2392＝54321

缓冲液　　6221＋6685＋2794＋……＋2892＝36470

蒸馏水　　5301＋6958＋2411＋……＋3791＝38633

自来水　　5529＋6387＋3307＋……＋2392＝35596

从实验结果来看，兔血清的数值高于胎盘血清的，8%浓度的数值高于 5%浓度的，加添加剂的数值高于不加添加剂的，蒸馏水的数值高于缓冲液和自来水的。每个因素不同水平的差异是否有统计意义，其交互作用在统计学上是否有意义，可用方差分析处理。

六、拉丁方设计

拉丁方也称正交拉丁方设计。所谓拉丁方设计是指由拉丁字母所组成的正方形排列。这种排列的条件是在同一列与同一行的字母只出现一次。拉丁方设计的优点是可以得到比随机区组设计更多一个项目的均衡，因而误差更小，效率更高；但灵活性较差，只能安排 3 个因素，而且要求各因素的水平相等。

(一)设计方法

拉丁方设计的具体方法可以用下例说明。

例　要比较 5 套不同防护服对高温工人脉搏数的影响，考虑到不同人对高温的反应不同，而且不同日期，由于外界气象条件的不同，也会使机体对高温的反应有所不同，因而在比较防护服间的差别时，应该使这两个条件一致，即要求每套防护服给每个被试者各试一次，且每日各试一次，试加以设计：

由于是 5 套防护服，5 个受试者在 5 个不同日期做检验，因而可用 5 ×5 拉丁方设计。以第一例为 A，B，C，D，E，第二例由 B 开始，得 B，C，D，E，A，第三例由 C 开始……依此类推可得一个 5×5 拉丁方。受试者定为甲、乙、丙、丁、戊，实验日期为 1，2，3，4，5，则可列出表格如 4-15 所示。

表 4-15 受试者实验方法设计

实验日期	受试者				
	甲	乙	丙	丁	戊
1	A	B	C	D	E
2	B	C	D	E	A
3	C	D	E	A	B
4	D	E	A	B	C
5	E	A	B	C	D

表 4-15 中，A，B，C，D，E 分别代表 5 种防护服，我们可以应用随机数字表将 5 套防护服随机地配以 A，B，C，D，E5 个符号。假如我们取随机数字表第 26 行头 4 对数字，得 16，90，82，66，分别除以 5，4，3，2（所用方法与随机区组设计相同），则可将 5 套防护服配以符号，如表 4-16 所示。

表 4-16 防护服随机化分组的情况

防护服编号	1	2	3	4	5
随机数码	16	90	82	66	—
除数	5	4	3	2	
余数	1	2	1	0	
符号	A	B	C	D	E

根据以上设计，第一天受试者甲穿着防护服 A（第一套），受试者乙穿着防护服 B（第二套）……；第二天受试者甲穿着防护服 B（第二套），受试者乙穿着防护服 C（第三套）……依此类推，结果如表 4-17 所示。

表 4-17 不同日期 5 个受试者穿着 5 种不同防护服时的脉搏数

实验日期	受试者					日期小计
	甲	乙	丙	丁	戊	
1	A 129	B 116	C 114	D 104	E 100	536
2	B 114	C 119	D 113	E 115	A 115	623
3	C 143	D 118	E 115	A 108	B 108	602
4	D 138	E 110	A 114	B 110	C 110	565
5	E 142	A 110	B 105	C 109	D 109	586

(二)拉丁方设计的随机变形

在使用拉丁方时，除了可以随机指定某一拉丁字母代表某种处理之外，还可通过拉丁方的随机变形来达到随机化。例如，以上述 5×5 拉丁方进行随机变形：

A	B	C	D	E		D	E	A	B	C		D	E	A	B	C
B	C	D	E	A	将1，4两例	B	C	D	E	A	将2，3两例	C	D	E	A	B
C	D	E	A	B	→	C	D	E	A	B	→	B	C	D	E	A
D	E	A	B	C	对调	A	B	C	D	E	对调	A	B	C	D	E
E	A	E	C	D		E	A	B	C	D		E	A	B	C	D

经变形以后，各行各列仍然皆无相同的字母。

有时一个拉丁方的单位较少，对结果的估计可能不够精确，这时可以把几个处理数目相同的拉丁方结合起来。例如用 5 份血液标本、10 支吸管研究 5 位医师的血细胞计数的差异，可由 2 个拉丁方结合起来设计，使得每位医师计数每份标本各 2 次，而每次计数都用不同的吸管，其设计如表 4-18 所示。

表 4-18 血液标本计数设计

标本	吸管及计数室									
	Ⅰ	Ⅱ	Ⅲ	Ⅳ	Ⅴ	Ⅵ	Ⅶ	Ⅷ	Ⅸ	Ⅹ
1	B	D	E	A	C	A	E	C	B	D
2	A	C	D	E	B	B	C	D	E	A
3	D	A	C	B	E	D	A	B	C	E

续 表

标本	吸管及计数室									
	Ⅰ	Ⅱ	Ⅲ	Ⅳ	Ⅴ	Ⅵ	Ⅶ	Ⅷ	Ⅸ	Ⅹ
4	C	E	B	D	A	E	B	A	D	C
5	E	B	A	C	D	C	D	E	A	B

注:表中 A,B,C,D,E 代表 5 位医师。

七、分割实验设计

又称裂区实验,是一种把一个或多个完全随机实验、配伍组(随机区组)实验或拉丁方实验结合起来的实验方法。其基本原理是先将受试对象作为一级单位,再分为二级单位,分别施以不同处理。

(一)设计方法

先选定受试一级单位分成几组,分别用一级因素的不同水平(一级处理)做完全随机配伍组或拉丁方设计。每一个一级单位再分成几个二级单位,分别接受二级因素的不同水平(二级)处理。在分割实验中一级处理与一级单位混杂,而二级处理与一级单位不混杂。因此,设计时宜用最感兴趣的或最主要的因素,差异较小或要求精确度较低的因素作为二级因素,若甲因素需要实验材料较多,乙因素需要实验材料较少,则将甲因素列为一级因素,乙因素列为二级因素;如在实验中有些工序较难改变,另一些工序较易改变,则把前者作为一级因素,后者作为二级因素。

(二)分析方法

用方差分析。

八、系统分组实验设计

系统分组又称为多层分组、成套分组或分组中的分组,是将受试对象按特定因素分为不同的层次,分析各层次对处理的反应强度。按甲因素分为若干大组,每个大组再按乙因素分为若干小组,每个小组再按丙因素分为若干小组。如此反复地分组、再分组。按系统分组设计进行实验被称为系统分组实验。

(一)设计方法

要求每一个受试对象都具备分组、再分组所需的各种分组因素。当一因素的诸水平相似，但另一因素的水平不相似，这时就需要在因素 A 的诸水平下，套置着因素 B 的诸水平。但大组因素和小组因素不是平等对待的，而是侧重大组因素。在性别和年龄两因素中，侧重性别分组。若各大组的小组数相等，各大组的例数相等，则计算较为方便。

例　试用分组实验研究正常成年人性别、年龄对心室射血时间的影响。随机抽取正常成年人 80 名，分为男女两大组，每大组 40 人；再各按年龄 20～39 岁及 40 岁以上分为两个小组，每小组 20 人，测得每人心室射血时间(ms)，如表 4-19 所示。

表 4-19　80 名正常成年人心室射血时间的系统分组实验　　单位(x)

男		女	
20～39 岁(20 人)	40 岁及以上(20 人)	20～39 岁(20 人)	40 岁及以上(20 人)
291.9	282.8	304.6	302.6
304.1	313.0	289.6	331.8
280.4	280.9	307.0	289.2
⋮	⋮	⋮	⋮

(二)分析

用方差分析。

九、正交设计

正交设计是一种研究多因素实验的重要数理统计方法。正交设计是利用一套规格化的表格，合理安排实验，通过对实验结果的分析，获得有用的信息，从中找出各因素对实验观察指标的影响的方法。实验的影响因素是复杂的多因素问题，各因素本身存在主次之分，其间往往又有交互作用。通过正交设计可选出各因素中的一个最佳水平，组成最优条件。

正交设计表是实验设计中合理安排实验，并对数据进行统计分析的主要工具。每个表头都有一个记号，如 $L_4(2^3)$、$L_{12}(2^{11})$等。符号 L 代表正交表，L 右下角数字代表实验数，括号中的指数代表允许安排因素的个数，括号中下面的数字代表水平数。

正交表的选定方法：

(1)根据研究目的确定实验因素，选出其中主要因素。

(2)根据实验因素的重要程度，确定每个实验因素的水平。每个实验因素的水平可以相等，也可以不等。重要的水平可以多些，次要的水平可以少些。

(3)根据实验要求的精确度和实验条件决定实验次数。

(4)根据要分析的交互作用多少，确定列号多少的 L 表。要分析的交互作用多，可选列号多的大 L 表；已知交互作用可能性小的，可选列号少的 L 表。

例　培养某病毒的实验因素及水平的正交实验设计如表 4-20、4-21 所示。

表 4-20　培养某病毒的实验因素及水平

实验因素	水　平	
温度(A℃)	33(A1)	37(A2)
pH(B)	7.0(B1)	7.4(B2)
培养基(C)	199(C1)	1640(C2)
添加血清浓度(D%)	1(D)	2(D)

表 4-21　3 因素 2 水平的实验安排

实验号	列　号		
	1(A)	2(B)	3(C)
1	1	1	1
2	1	1	2
3	1	2	1
4	1	2	2

续　表

实验号	列　号		
	1(A)	2(B)	3(C)
5	2	1	1
6	2	1	2
7	2	2	1
8	2	2	2

列号：1　2　3　4　5　6　7

因素　A　B　A×B / A×C　C　A×C / B×C　B×C / A×D　D

如 4 个因素都考虑，同时也要考虑所有因素的两两交互作用，这时应选 $L_{16}(2^{15})$ 的表头设计为宜。

列号：1　2　3　4　5　6　7　8　9　10　11　12　13　14　15

因素 A　B　A×B　C　A×C　B×C　D　A×D　B×D　C×D

选择 L 表时有两个原则：

(1)先看水平数。如果是 2 个水平，选 $L_4(2^3)$、$L_8(2^7)$、$L_{12}(2^{11})$、$L_{16}(2^{15})$、$L_{32}(2^{31})$；全是 3 个水平的选 $L_9(3^4)$、$L_{18}(3^7)$、$L_{27}(3^{13})$、$L_{36}(3^{18})$；全是 4 个水平的选 $L_{18}(4^5)$、$L_{32}(4^9)$、全是 5 个水平的选 $L_{25}(5^6)$ 等；5 个水平以上可用正交拉丁方设计；水平不等的，选 $L_3(4\times 2^4)$、$L_{16}(4^2\times 2^9)$、$L_{18}(2\times 3^7)$ 等。

(2)根据实验要求选 L 表。要求精度高，可选用实验次数多的 L 表；要求精度不高或实验次数多但实验条件有困难的，可选用次数少的 L 表。要分析的交互作用多，可选用列号多的大 L 表；已知交互作用可能性小的，可选用列号少的小 L 表。

从正交表的性质及实例可以看出，正交表的优点是实验次数少，能节省大量的人力、物力和时间；其次是实验效果好，既可以分析各因素之间的最佳水平，又可以分析交互作用的影响，实验的均衡性好；第三是方法简单，容易掌握。

十、序贯实验设计

序贯实验是一种经济快速的实验设计。按照实验者事先规定的标准，逐一实验逐一分析，随着实验例数的逐渐增加，不断做显著性检验，一旦得出结论，实验即可停止。这样可减少实验对象的数量，而不影响实验结果的准确性。

此方法多用于临床控制实验、药物效果评价。尤其适用于病例较少的临床研究，事先不需确定样本容量，每实验一个病人就及时分析，一旦达到事先规定的检验标准，即可得出药物有效或无效的结果，中止实验。

序贯实验要求的条件：

(1)序贯实验要求用于能较快获得结果的实验。在临床实验中，要求获得一个实验结果所需的时间小于后一个病例加入实验所间隔的时间，否则只节约受试对象，未节约实验时间。

(2)序贯实验一般适用于比较单一指标的实验研究。欲同时比较几个指标时，可分别设计几个序贯实验做序贯分析或对几个指标同时进行评分，相加后得出一个总分，以便综合评价。

(3)适用于依据一种实验结果就可对样本大小做出结论的实验。实验对象丰富或大样本的现场调查，如流行病学调查，正常值范围的确定等均不适宜用序贯实验。

序贯实验分开放型和闭锁型两种。开放型指在逐步实验过程中，究竟需要多少样本数才能终止实验，要视实验结果而定。闭锁型是预先确定得到结论所需实验的最多动物数。在逐一实验中，当实验接触序贯的某一部位时，即可得出相应的结论。

按照资料性质，序贯实验可分为质反应和量反应。质反应的观察指标是用阳性与阴性、有效与无效来表示的。量反应的观察指标以连续量表示，如心律、呼吸、体温等。按照检验目的，序贯实验又可分单向检验和双向检验两种，而每种检验因计数资料和计量资料不同而方法不同。

序贯实验的类型如图 4-1 所示。

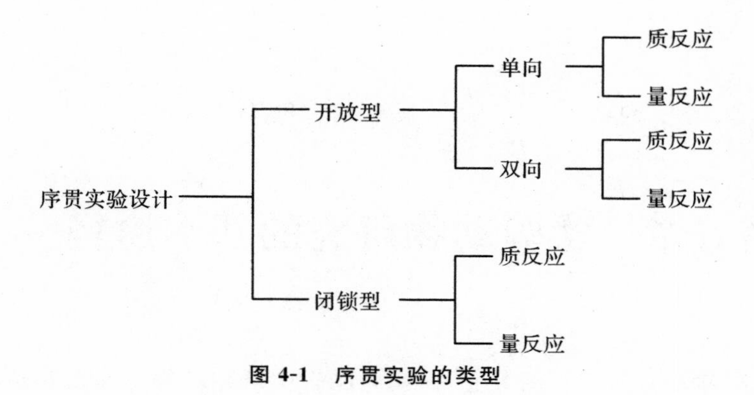

图 4-1　序贯实验的类型

第五章　实验动物研究的基本途径

医学是生命科学的分支，而实验医学中研究对象——人的替代者即实验动物本身的实验，已作为生命科学的最基础学科——实验动物学，在近30年发展起来了。这门新兴科学的产生，一方面为航天医学（宇航卫生）、军事医学（细菌和心血管疾病等）、新药的诞生（干扰素和单克隆抗体等）、食品卫生、生物制剂（抗血清等）、尖端科研（遗传工程和单克隆技术等）的研究提供了特别重要的实验材料，另一方面使动物实验技术也得到了飞速发展。

由于实验动物及其技术在研究中的特殊地位，现在实验动物学已不像过去那样可有可无了，而是受到了广大科学界乃至于社会的普遍重视，这是科学发展的要求，也符合自然发展规律。

实验动物学包括实验动物和动物实验两大部分。不仅是研究包括人类在内的生命活动及其疾病防治规律的基本手段，而且其中的基本操作即生物医学研究过程中的方法，是研究者必须掌握的一项基本技能。

医学研究的主要任务是预防与治疗人类的疾病，保障人民健康。它是通过临床研究和实验室研究两个基本途径来实验发现的，而不论临床研究还是实验室研究均离不开使用实验动物。特别是医学科学从“经验医学”发展到“实验医学”阶段，动物实验就显得更加重要。实验医学的主要特点是不仅针对正常人体或病人（在不损害病人的前提下），而且利用实验室条件，进行包括试管内、动物离体器官、组织、细胞，尤其是整体动物的实验研究。动物实验方法的采用及发展，促进了医学科学的迅速发展，解决了许多以往不能解决的实验问题和重大理论问题。因此，那些认为医学的发展主要靠临床观察，动物实验可有可无，认为中医发展所走的道路就是一个有力证明的看法是很不全面的。动物实验不是可有可无，而是和临床观察一样，是医学科学发展的一个重要手段和基本途径，是缺一不可的，又是互相促进的。在一定意义上说，有经过严格的、系统的动物实验才能把医学置于真正的科学基础上，正如生理学家巴甫洛夫（И·П·ПАВПОВ）曾经指出的那样："整个医学，只有经过实验的火焰，才能成为它所应当成为的东西。""只有通过实验，医学才能获得最后的胜利。"这些论点，已经并且正在被医学发展的历程所证实。

一、临床研究

研究的对象是病人，目的是研究疾病的发生和发展过程，提高诊断水平，改进治疗方法。临床试验是以人类（病人或正常人）为受试对象，对比分析处理因素与对照之间在效应与价值上的不同的前瞻性研究。从这一定义出发，可见它有以下特点：

(1)它是前瞻性研究，即必须直接跟踪。单纯回顾性的病例分析并不是临床试验，因为它没有从一开始就直接观察。同样，临床流行病学调查中的病例对照研究不是临床试验，因为它也是回顾性的研究。

(2)在临床试验中必须有一种或多种处理。作为处理因素可以是预防或治疗某种疾病的方法、设备或制度等。因此单纯跟踪无处理的对象，只能了解疾病的自然发展历史，这是观察而不是试验，不属于临床试验的范畴。

(3)临床试验必须有对照，使处理的效应可与之比较。在开始试验时，对照组和试验组在有关各方面必须相当近似，这样最后的组间差别才能归之于处理的效应。在临床试验中，可用接受安慰剂或不接受任何处理者作为对照，也可用接受当时认为是标准的治疗者作为对照。

(4)临床试验以人为对象，因此必须考虑到对象的安全及某些伦理问题。和动物实验不同，实验者必须取得对象的配合。但由于各种原因，临床试验常常难以保证受试对象自始至终完全遵从试验的要求，较难得到"纯"的处理组或对照组。

二、实验动物研究

研究的对象是实验动物和微生物以及试管试验，这些都离不开实验动物。与临床试验相比，动物实验具有以下一些独特的特点和优势：

(1)可以更严格地控制实验条件。虽然在临床试验中也可能对试验条件加以控制,但由于人的高度复杂性,多数情况下难以严格控制,有时甚至连设置对照组都会遇到很大阻力,给试验的进行和对结果的分析带来很多困难。但是在动物实验中,受试对象和整个实验进程都处于实验者的完全控制下,可以把很多人体上非常复杂的机制简单化,可以进行各种因素的细微探讨。这是临床研究难以做到的。

机体的某一种功能同时都受许多因素的影响。因而要研究某一特定因素对这一过程的影响就希望能使该因素保持固定。在人体上是比较难以做到这一点的,但在动物身上,无论是整体、离体或试管实验中,都比较容易做到。如试验条件,实验室可以严格控制实验室的湿度、光照、声音,动物的饮食、活动等,而临床上很难对病人的生活条件、活动范围加以严格控制,病人对药物治疗以外的其他护理工作的反应,对医务人员的依赖程度及合作程度更是实验室中所不存在的问题。又如试验对象的选择,动物实验完全可以选择相同的动物,在动物的品种、品系、性别、年龄、体重、身长、活动性、健康状态,甚至遗传和微生物等方面都可以严加限制,但临床试验中,病人的年龄、性别、体质、遗传等方面是不能加以选择的。特别是健康状况,动物是健康的或是人工造成的某种疾病模型,而临床试验是人在生活中先天的或后天的自然环境下所患的病。因此,既使是同一疾病,临床试验中每个人的疾病情况都很复杂,对同一药物反应也就不同,何况病人除试验治疗的疾病以外,还时常有些另外的疾病,这样会影响或掩盖试验效果。动物可以同时选取所需要的数量,同时进行实验取得结果。而病人则是陆续出现,陆续进入试验的,逐渐积累试验结果资料,前后可能掺入了不少干扰因素,有时难于区分。由于医学科研中利用动物实验的这些优点,我们就把一个非常复杂的多元方程转变成简单的函数运算,使许多医学上的实践问题和重大理论问题解决得比较容易,从而大大推动了医学科学的发展。

(2)可以缩短研究周期。进行对机体有害或可能有害的处理因素的研究表明医学的宗旨是防病治病,增进健康。任何一种处理因素都不得有害于人的健康,因此任何一种预防或治疗措施(如一种药物、一种手术等),在未肯定其真正有益无害之前,严格地说是不允许在临床应用的,更不用说一些已知对机体有害的因素了。任何新的药物在临床应用前必须先通过动物实验，肯定疗效，确定剂量，弄清有无副作用和远期后果；一种新手术也必须在动物身上先试验其可行性、效果及问题，并已在动物身上充分掌握其技巧之后，才可用于临床。至于研究各种因素的致病作用，如毒物、病原生物、极恶劣环境等，动物实验不仅是必不可缺的，而且常常是唯一方法。

临床上很多疾病潜伏期或病程很长，研究周期也拖得很长，采用动物复制疾病模型可以大大缩短其潜伏期或病程。尤其是那些在人体上不便进行的研究，完全可以在实验动物身上进行，从而有力地推动了人类疾病的病因学、发病学以及防治方法的研究。

应用动物模型，除了能克服在人类研究中会遇到的伦理和社会限制外，还允许采用某些不能应用于人类的方法途径。这些途径对研究低发病率疾病(各种癌症、遗传缺损)和那些因其危险性而被认为对人类进行实验是不道德的疾病，具有特别意义。例如，急性白血病的发病率较低，研究人员可以有意识地提高其在动物种群中的发生频率而推进研究。同样的途径已成功地应用于其他疾病的研究，如血友病、周期性中性白细胞减少症和自身免疫疾病。

动物模型的另一个富有成效的用途，在于能够细微的观察环境或遗传因素疾病发生发展的影响。这对长潜伏期疾病的研究特别重要。为确定特定的环境成分在某些疾病诱发中的作用，可将动物引入自然的或控制的环境中去。人类的寿命是很长的，一个科学家很难有幸进行 3 代以上的观察。许多动物由于生命的周期很短，在实验室观察几十代是轻而易举的，如果使用微生物甚至可以观察几百代。

(3)可以最大限度地获取反映实验效应的样本和资料。在临床试验中，从受试对象取得反映实验效应的资料，往往要受一系列限制，例如对象拒绝提供、可能损害健康，等等。但在动物实验中，通过种种安排，几乎可以不受限制地获得资料，而所有这些资料对于机制分析而言是至关重要的。

临床上平时不易遇到的疾病，应用动物实验可以随时进行研究，使人们得以对这些疾病进行深入的研究，例如放射病、毒气中毒、性传染病等。以放射病为例，平时极难见到，而采用实验方法在动物身上可成功地复制成造血型、胃肠型、心血管型和脑型放射病，大大促进了这种病的研究。

因此，今天我们对辐射伤的大部分知识，是通过动物实验积累起来的。关于辐射的远期遗传效应至今只有动物实验的材料。

(4)可以进行药物的长期疗效和远期效应的观察。药物的长期疗效和远期效应，在实验室采用动物实验方法来观察，没有太大问题，但在临床研究中问题就比较复杂，如病人多吃或少吃药，病人自动停药，病人另外求医，病人又患其他疾病，病人死亡以及病人失去联系等均可使治疗的最终效果很难判定。

(5)可以进行一些临床上根本做不到的实验。医学上有些重要的概念确立只有通过动物实验才能做到，临床上是根本做不到的。例如，关于神经与内分泌的关系早就引起了人们的注意，早在20世纪30年代，临床上就观察到下丘脑损伤可引起生殖、代谢的紊乱，尸体解剖与动物实验都强烈地揭示下丘脑可能通过分泌某些激素调节垂体前叶的功能，从而控制许多内分泌器官的功能，如果这一现象能得到肯定，神经体液调节的概念将得到决定性的支持，但是花费了40年人们也无法找到下丘脑调节垂体的物质。直到20世纪70年代，两组科学家分别用10多万只猪的下丘脑提取出几微克下丘脑的释放激素，而仅需几微克这类激素就可导致垂体分泌大量激素，才最后确定了下丘脑对垂体的激素调节的新概念。由于下丘脑释放激素的分离、合成，为神经内分泌和调节的概念提供了有力的证据并改变了许多内分泌疾病诊断与治疗的方法，因而这个发现获得诺贝尔奖。如果不用动物下丘脑而企图从几万个人的下丘脑中提取释放素，那是非常困难甚至于是不可能的。可见医学研究发展到目前已进入一些研究工作非在动物身上进行不可的阶段。如果说医学的发展单纯地依靠临床经验的积累，那么就不容易解释为何经历了几千年积累的中医药学在某些重要方面的发展却落后于近代西方医学呢？中医没有利用动物实验不能不说是一个重要的原因。

三、临床研究和实验动物研究比较

由上述的临床研究和实验动物研究的特点中可以清楚地了解到实验动物研究与临床研究有不同且各有优点。

(一)临床研究和实验动物研究的不同点

(1)研究对象不同:临床研究对象是病人,实验动物研究对象是动物和细菌等。

(2)实验对象的健康情况不同:临床:不健康;实验动物:健康并可排除各种病因的作用(可选用无菌动物、纯系动物等),动物可用一种病因作用而发生某一疾病。

(3)实验的具体要求(年龄、性别、体重)不同:动物可达到要求而临床研究则不能达到(动物的遗传性质、特异性可以选择)。

(4)实验条件的选择不同:实验室的温度、光照、饮食、活动范围等可以严格控制,而临床病人生活环境很难达到要求。

(5)关于药物远期效应:动物可以不考虑,而病人则不行。

(6)药物的长期效果观察:动物可以长期进行,而病人则较难进行。

(二)动物实验的优点

(1)不便在人体进行的研究可在动物身上进行,如痛苦或疾病。

(2)平时见不到的疾病可在动物身上复制出来,如急性放射病及烧伤和冻伤等。

(3)可以根据需要观察疾病全过程:可细致的观察疾病是怎样发生、发展,最后有怎样的结局。

(4)实验室条件可以严密控制并且可以进行严密对照。

(5)动物实验符合多快好省,可以大大缩短研究周期:很多在自然条件下潜伏期或病程长的疾病(如肿瘤、肺心病等)可以用动物复制成与人类各种相似的疾病模型。

但是动物实验也有一些缺点,如动物机体结构和代谢特点和人有较大差异,所以动物实验的结果不能完全照搬照抄用于人;有些因素在动物身上不易观察,如头痛及其它精神因素,这是由于动物没有语言,不能表达主观察觉;实验动物往往是在麻醉情况下进行实验和观察的,与正常清醒情况下有一定区别,所以在动物实验设计时必须选择与人相似的实验动物做实验,实验时注意麻醉浓度适中和其他各种因素的控制,尽量克服上述动物实验的缺点。

第六章　科学研究中实验动物选择的基本原则

第一节　实验动物的选择原则

科学研究中，绝大部分实验需借助于实验动物来进行，而实验动物选择的适当与否，可直接影响到实验的成败和质量，故选择实验动物是科学研究中的首要环节。由于各种实验动物的生物学特性不同，在科学研究中选择实验动物应遵循以下原则。

一、选择与人的功能、代谢、结构和疾病特点相似的实验动物

在实际可能的条件下，尽量选择那些结构、功能、代谢和人类相似的实验动物做实验。一般来说，实验动物越高等，进化程度越高，其功能、代谢、结构越复杂，反应就越接近人类，猴、狒狒、猩猩、长臂猿等灵长类动物是最近似于人类的理想动物。猕猴、红面猴和熊猴等已广泛应用于医学科学研究。有些动物的进化程度并不一定很高，但是某些组织器官的结构或疾病特点与人类很相似。例如猪的皮肤组织结构与人相似，上皮再生性、皮下脂肪层及烧伤后内分泌代谢等也相似，因此小猪是烧伤实验研究较理想的实验动物。小鼠在氢氧化铵雾剂刺激下有咳嗽反应，可利用这个特性来研究镇咳药物，所以小鼠是研究镇咳药物作用的理想动物。

二、选择遗传背景明确、体内微生物得到控制或模型症状显著的动物

科学研究为了得到有规律且正确可靠的实验结果，应选用经遗传学、

微生物学、营养学、环境卫生学的控制而培育出的标准化实验动物。例如选择采用遗传学控制方法培育出来的近交系动物，这样可以排除遗传上不均质、个体反应不一致对实验结果的影响。选用采用微生物学控制方法而培育的无菌动物，可以排除普通动物带有的各种微生物和寄生虫对实验结果的干扰，使实验结果正确可靠。许多突变品系动物具有与人类相似的疾病谱或缺损，如裸鼠、肌肉萎缩症小鼠、青光眼兔等具有实验模型性状显著且稳定的特征，是研究人类相关疾病谱的重要实验模型。

三、选用解剖、生理特点符合实验目的要求的动物

很多实验动物具有独特的解剖生理特点，只有选用解剖生理特点符合实验目的要求的实验动物做实验，才能减少操作难度，确保实验的成功。家犬的甲状旁腺位于甲状腺的表面，位置比较固定，大多数在两个甲状腺相对应的两端上；兔的甲状旁腺分布得比较分散，位置不固定，除甲状腺周围外，有的甚至分布到主动脉弓附近，因此做甲状旁腺摘除实验，应选用家犬而不能选用实验兔。但做甲状腺摘除实验，为使摘除甲状腺之后，还保留甲状旁腺的功能，则应选用兔而不能选用家犬。大鼠没有胆囊，不能做胆囊功能的研究，却适合做胆管插管，从而可收集胆汁，进行消化功能等方面的研究。

四、选择对实验因素最敏感的动物

不同种系实验动物对同一因素的反应往往会出现特殊反应，实验研究中应选用那些对实验因素最敏感的动物作为实验对象。家兔对体温变化十分灵敏，适于发热、解热和检查致热原等实验研究；小鼠和大鼠体温调节不稳定，做上述实验研究时就不适宜。鸽子、家犬、猴和猫呕吐反应敏感，适于做呕吐实验；家兔、豚鼠等草食动物呕吐反应不敏感，小鼠和大鼠无呕吐反应，就不宜被选用。家兔、鸡、鸽和猴食用高胆固醇、高脂肪饲料一定时间后容易形成动脉粥样硬化病变，适于动脉粥样硬化实验研究；而小鼠、大鼠和犬就不容易形成动脉粥样硬化病变。

五、选择与实验目的相适应的动物

不同种类实验动物有着各自的生物学特性，与人类相比较，其功能代

谢、形态结构、疾病的发生、发展与转归点、对施加因素的反应等方面存在着差异。同一种类的实验动物，其不同品种、品系的特性往往也存在很大差别。DBA/2 系及 C3H 系小鼠对鸡新城疫病毒的反应和 DBA/1 系小鼠完全不同，前者引起肺炎而后者引起脑炎。因此，一般情况下，研究者在不完全了解不同种类的实验动物的生物学特性时，可参照国内外已有文献资料所采用的动物。在一些新开展的研究领域，应通过预试验，来确定所选择动物的种类、品系。

六、选用结构功能简单又能反映研究指标的动物

科学研究中最常用的方法是复制人类疾病动物模型，来研究人类疾病的病因学、发病学、治疗学和预防学。复制动物模型时，在条件允许的情况下，应尽量考虑用与人相似、进化程度高的动物做模型。但不能因此就认为进化程度越高等的动物其所有器官和功能越接近于人。例如，非人灵长类诱发动脉粥样硬化时，病变部位经常在小动脉，即使出现在动脉也与人类分布不同。据报道，用鸽做这类模型时，胸主动脉出现的黄斑面积可达 10%，镜下变化也与人较相似，因此也广泛被研究者使用。又如果蝇具有生活史短(12 天左右)、饲养简便、染色体数少(只有 4 对)、唾腺染色体制作容易等诸多优点，所以是遗传学研究的绝好材料，而若以灵长目动物为实验材料进行同种实验研究，其难度是可以想象的。因此，科学研究中，在不影响实验的前提下，选用易获得、最经济、最易饲养管理的动物。

七、选择要符合“3R”原则

现代理伦学认为，实验动物也感受欢乐与痛苦。部分极端人士反对进行动物实验；而理伦性思维则认为动物实验可以进行，但必须权衡动物承受痛苦与实验结果价值间的利弊，不可滥用实验动物。目前认识，应优先考虑实验动物承受的痛苦。如果造成的痛苦动物可以耐受，同时能获取重要或比较重要的结果，那么实验应当进行。动物实验的设计方案要交由专门的伦理委员会进行评估是否值得进行。为使动物权益得到保护，动物实验设计应遵循“3R”原则，即替代(Replacement)原则：尽可能

采用低等实验动物或非实验动物，以替代高等实验动物进行实验。减少(Reduction)原则：尽可能少用实验动物，甚至可降低统计学要求。不应盲目增大动物样品数或重复实验以获取满意的统计结论，而应着重提高实验的精确性。在一般实验中，确定样本数或重复个数时设定的检验效能为90%，而在动物实验，则一般设定检验效能力为80%。动物实验设计应权衡统计学满意程度与伦理学及节约之间关系。优化(Refinement)原则：应优化实验设计和操作，以减轻动物的痛苦。如足部注射可选择足底或足背进行时，为减轻动物痛苦，应选择足背而不是足底。

八、选择要注意动物福利

世界上一些经济发达、科技进步的国家十分注重动物福利。早在1876年英国就制定了禁止虐待动物法。1941年美国也提出不要虐待动物，要注重动物保护、动物福利、动物权力。福利是指充分考虑对方的人格和思想，相互对等地交流。现在把这种概念扩大到动物，提出动物是福利的对象而不是保护的对象。动物权力是指动物和人一样也有生的权利、逃离苦痛的权力。人有解救动物的义务。这种动物权力论从1970年开始急剧上升了。我国的实验动物从业人员也应重视动物福利和动物权力。

第二节 常见实验中实验动物的选择

一、药物毒性实验的动物选择

为了确保病人用药安全，新药(合成药、中草药制剂)或者已用药物但改变了配伍、剂量或用法时，在临床试用前必须进行较系统的毒性试验，以了解药物的毒性和不良反应、中毒和致死剂量(或浓度)等特点，为临床使用剂量和注意事项提供参考和科学依据。做毒性试验时，选择何种实验动物取决于该动物对药物的反应以及药物在该种动物体内的吸收、分布、代谢和排泄与人类异同的程度。不同种属动物对药物作用的反应有质与量的区别。如犬在毒理方面的反应和人比较接近;大鼠血压和血管阻力对药物反应敏感,但对强心甙的作用较猫敏感性低数百倍。在研究药物对心脏的作用时,可选择青蛙和蟾蜍,因为它们的心脏在离体情况下仍能有节律地搏动很久。进行对神经传导阻滞影响的药物研究时的首选动物是猫。研究药物对神经肌肉接点的影响时,常用动物是猫、兔、鸡、小鼠和蛙。对影响副交感神经效应器接点的药物进行研究时,首选动物是大鼠。研究药物对平滑肌的作用,要选犬和猫。总之,研究不同药物时应选择与其相适应的动物为对象。在做药物毒性实验选择实验动物时,还应注意以下几点:(1)动物的进化程度越高,对药物毒性的敏感性越好。如兔和猫的中毒致死量比小鼠低数倍,犬和猴的中毒剂量又比兔和猫低,而人往往更为敏感。(2)选用未成年的实验动物较为合适,因在动物迅速生长时期,可以发现药物对生长及各器官,包括对性器官成熟的影响。慢性毒性试验开始选择的小鼠年龄最好是 2～3 周龄,体重为 8～10g,而大鼠不超过 3 周龄,体重为 50～60g。当然,避孕药物的毒性试验要求使用性成熟动物,如小鼠应是 60 日龄以上,大鼠应在 120 日龄以上。(3)选择做毒性试验时,动物应雌雄各半,因它们对毒性物质反应有差异,而且动物数量不宜太少,要满足统计学处理的要求。大鼠至少每组 10～20 只,犬每组 2～3 只,并设对照组。(4)实验要求至少采用两种不同种属的动物:一种为啮齿类(大鼠、小鼠、兔等),另一种为哺乳类(犬、猴等)。一般常采用大鼠和犬两种,因对药物的反应与人比较接近,且体形合适,经济易得。

二、消化、呼吸系统实验的动物选择

由于兔、羊、豚鼠等草食动物的消化系统与人截然不同,不能选择此类动物作为研究消化系统疾病的模型。犬有发达的消化系统和与人类极为相似的消化器官,它不仅可用来做消化系统的慢性实验,也可进行齿、部分小肠移植等研究。对胰腺炎的研究,可选择年轻雌性小鼠造成胆碱缺乏诱发出血性胰腺炎,猫、犬等中年以上肥胖动物常会自发慢性胰腺炎,由于犬的胰腺很小,适合做胰腺摘除手术。80%老龄 NIH 小鼠有自发性慢性十二指肠溃疡,牛、犬也易发消化道溃疡。幼猪的呼吸、泌尿及血液系统与人的新生儿相似,适于研究营养不良症,如铁、铜缺乏等。猪的病毒胃肠炎，可用来研究婴儿的病毒性腹泻。猕猴最易感染人的痢疾杆菌，是研究人的痢疾杆菌病最好的模型动物。由于大鼠的肝脏库普弗细胞 90％有吞噬能力，肝脏再生能力强，适于做肝切除术。甲型肝炎病毒的研究，可选择红面猴，因该病毒可在红面猴中增殖。猴的气管黏膜上腺体数量较多，且至三级支气管中部仍有存在，选用该动物做慢性支气管炎研究和祛痰平喘药物疗效实验研究很合适。豚鼠对结核杆菌、白喉杆菌很敏感，适合做结核和白喉的研究。

三、泌尿、生殖系统实验的动物选择

（一）糖尿病实验

糖尿病方面的研究，可选择犬、大鼠、兔等实验动物，可用人工摘除胰腺的方法来复制糖尿病。由于 BB Wistar 大鼠与人的糖尿病极为相似，表现为高血糖、糖尿症、酮尿症、酮症、胰岛素缺乏、高血糖素亢进、体重下降，故研究糖尿病广泛使用它。猴类的自发性糖尿病的临床特征与人类的十分相似，是进一步研究异常糖类代谢的有价值的动物。

（二）生殖生理实验

雌激素能中止大鼠和小鼠妊娠，却不能中止人早期妊娠，因而具有雌激素活性的化合物用于动物试验观察中止妊娠作用时，就不要选择大鼠和小鼠。兔由于是刺激性排卵的动物，利用这一特点，可进行生殖生理和避孕药的研究。猴的月经周期为 28 天，生殖生理与人非常接近，是人类避孕药物研究极为理想的实验动物。哥丁根小型猪易诱发胎儿畸形，适合实验畸形学的研究。

四、心血管系统实验的动物选择

（一）微循环实验

犬的血液循环系统很发达，适合做这方面的实验研究，如失血性休克、实验性弥散性血管内凝血等。猴、猪有与人相似的循环系统，且较发达，血压稳定，血管壁较坚韧，对药物有与人一致的灵敏反应，便于手术操作和适用于分析药物对循环系统的作用机制，而且猫还有较强的心搏力，能描绘完好的血压曲线，更适合药物对循环系统作用机制分析实验。外周微循环实验观察常选用小鼠耳廓、金黄地鼠颊囊、兔眼球结膜、兔耳廓透明窗等，还有用蝌蚪和金鱼的尾，青蛙的舌和蹼，蝙蝠和小鸡的翅，蜜蜂的眼，鼠背透明小室，兔的眼底、虹膜、鼻黏膜、口唇、牙龈、舌尖和鼓膜，大鼠的气管及其肩胛提肌和猫的缝匠肌等进行实验。内脏微循环实验观察，常选用青蛙、大鼠、小鼠、豚鼠、兔、猫和犬的肠系膜、大网膜和肠壁；也可利用脏器"开窗"手术做慢性实验，例如动物行头颅和腹腔开窗术，观察脑和腹腔有关内脏的微循环，还可取用观察部位的活组织做电子显微镜观察并做超微结构摄影。由于肠系膜与肠的关系密切，其肠管的血管就行于肠系膜之中，肠系膜的微循环变化很接近肠壁，因此，常以该处微循环变化作为肠管微循环变化的标志，应选择脂肪组织少，微血管分布多，菲薄透明，并有小淋巴管的肠系膜进行观察。回肠部的肠系膜是最好的微循环观察区，因为该区域小而局限，没有肠蠕动，取出时不易损伤，且脂肪组织少。

(二)心血管疾病实验

心血管系统的疾病，在人类普遍发生，给人类带来严重后果。为了解决人类这一难题，人们广泛利用相应的动物进行研究。

(1)动脉粥样硬化症。过去常选用鸡和兔子作为动物模型，但结果并不尽人意。它们还存在许多缺点，如鸡自发性主动脉粥样硬化症主要是形成脂性斑纹，兔病变的局部解剖学与人的不同等。目前，发现鸽具有与人类相似的自发性粥样硬化症，且在短期喂饲胆固醇后，可在主动脉的可预测区域发生病变，可用来研究与病变发生有关的早期代谢变化，故鸽是研究该病的重要动物模型。小型猪可自发产生动脉粥样硬化，也可用高脂饲料诱发并加速动脉粥样硬化的形成。其病变特点及分布情况都与人类相似，主要分布在主动脉、冠状动脉和脑动脉，由增生的血管平滑肌细胞、少量泡沫细胞、胆固醇结晶等组成。由于小型猪在生理解剖和动脉粥样硬化病变的特点方面接近于人类，因而是研究动脉粥样硬化的理想实验动物。

(2)高血压。对于高血压的研究,常选用的动物是犬和大鼠。根据实验目的的不同,通常选择以刺激中枢神经系统反射性引起实验性高血压,或注射加压物质以及分次手术结扎肾动脉来诱发肾源性高血压。由于医学科学试验的需求,目前已培育了各种高血压大鼠模型,如遗传性高血压大鼠(GH)、自发性高血压大鼠(SHR)、易卒中自发性高血压大鼠(SHRSP)、自发性血栓形成大鼠(STR)、米兰种高血压大鼠(MHS)、里昂种高血压大鼠(LH)。这样可以根据研究的方向选择适宜的大鼠模型。若要研究高血压病理、生理和药理,则应选择自发性高血压大鼠,这是由于它和人的自发性高血压很相似;研究降压药则肾血管型高血压大鼠是较好的动物模型,因为它对药物的反应与人更接近。

(3)心肌缺血试验。无论是对冠心病还是对心肌梗死的研究,犬、猪、猫、兔和大鼠都可做冠状动脉阻塞试验。由于犬的心脏解剖特点与人的相似:占体重的比例较大,冠状血管容易操作,心脏抗心律失常能力较强,而且犬容易驯服,因此是心肌缺血试验良好的动物模型。猪心脏的侧支循环和传导系统血液供应类似于人的心脏,易于形成心肌梗死,室颤发生率高。猫耐受心肌梗死能力强。若做开胸进行冠状动脉结扎试验,兔是首选动物。测试心肌耐缺氧试验时选择大鼠,因为大鼠在测定心肌耐缺氧试验的同时,可以测定心脏的各种血流动力学变化,用于耐缺氧与血流动力学改变的关系分析。

五、神经系统实验的动物选择

神经系统实验的动物选择,应根据动物神经系统方面的特性而进行。C3H/HeN 小鼠对脊髓灰质炎病毒 Lan Sing 株敏感。C57BL/KalWN 小鼠有先天性脑积水。大鼠宜做垂体切除术。研究脑梗死所呈现的卒中、术后脑缺血以及脑血流量时,沙鼠是较好的实验动物,因它的脑血管不同于其他动物,脑底动脉环后交通支缺失为其特点。结扎沙鼠的一侧颈总动脉,数小时后,就有 20%～65%的沙鼠出现脑梗死。另外,沙鼠还具有类似人类自发性癫痫发作的特点。DBA/2N 小鼠在 35 日龄时,听源性癫痫发生率为 100%,是研究癫痫的良好模型。

六、其他实验的动物选择

(一)甲状旁腺功能试验

兔的甲状旁腺分布在不同部位,摘除甲状腺后仍能保留甲状旁腺,故研究甲状旁腺功能宜选择兔。而犬的甲状旁腺位置固定,适宜做甲状旁腺切除手术,进行甲状腺功能的研究。

(二)放射实验

不同动物对射线敏感程度差异较大,常选用大鼠、小鼠、沙鼠、犬、猪、猴等实验动物进行研究。由于兔对射线十分敏感,照射后常发生休克性反应,并伴有死亡现象,且照射量越大,动物发生休克和死亡数就越多,故不能选用兔进行放射医学的研究。

(三)微生物实验

常选用小鼠、大鼠、沙鼠、豚鼠、地鼠、兔、犬、猴、猫、裸鼠进行微生物实验研究。猫是寄生虫弓形属的宿主,常选猫做寄生虫病研究,也可用于阿米巴痢疾的研究。中国地鼠对溶组织性阿米巴、利什曼原虫病、旋毛虫等敏感,常被选来进行这方面的研究。金黄地鼠对病毒非常敏感,是病毒研究领域的重要实验材料,如进行小儿麻疹病毒研究。裸鼠很容易感染细菌、病毒和寄生虫,因此是研究这些感染免疫机制的理想动物模型。

第七章　影响动物实验效果的不同因素

第一节　动物因素

动物实验是现代医学的常用方法，是进行教学、科研和医疗工作必不可少的重要手段和工具，因此已成为医学科学工作者必须掌握的一项基本功。

要想获得正确可靠的动物实验结果，就必须了解影响动物实验效果的各种因素，排除各种影响实验效果的干扰因素。这里着重讨论与实验动物有关的各种影响因素。

一、种属

不同种属的哺乳动物生命现象，特别是一些最基本的生命过程，有一定的共性。这正是在医学实验中可以应用动物的基础，但另一方面，不同种属的动物，在解剖、生理特征和对各种因素的反应上又各有个性。例如不同种属动物对同一致病因素的易感性不同，甚至对一种动物来说会致命的病原体，对另一种动物可能完全无害。因此，熟悉并掌握这些种属差异，有利于动物的选择，否则可能贻误整个实验。例如在研究醋酸棉酚对雄性动物生殖功能的影响时，不同动物的反应很不一样，小鼠对醋酸棉酚很不敏感，不宜选用；而大鼠和地鼠就很敏感，很适宜。又如，用家兔做研究排卵生理的实验时，则应知道，家兔是“诱发性排卵动物”，既一般情况下只有交配才引起排卵，这一特点可以用来方便地实验各种处理因素的抗排卵作用。但另一方面，这种排卵和人及其它一些哺乳动物的自发性排卵有较大差异，在应用这些实验结果时应注意。

在不同种属动物身上做的实验结果有较大差异。由于不同种属动物的药物代谢动力学不同,对药物反应性也不同,所以药效就不同。吸收过程的差异,如大鼠吸收碘非常快,而兔和豚鼠则吸收得慢,因而碘在两者的药效也就有差异。排泄过程的差异:如大鼠体内的巴比妥在3天内可排出90%以上,而鸡在7天内仅排出33%,因此,巴比妥的毒性对鸡比对大鼠要大得多。氯霉素在大鼠体内主要随胆汁排泄,存在肠循环现象,半衰期较短,药物作用时间的长短就有差异。代谢过程的差异:如磺胺药和异烟肼在犬体内不能乙酰化,多以原型随尿排出;在兔和豚鼠体内能够乙酰化,多以乙酰化形式随尿排出;而在人体内会部分乙酰化,大部分是与葡萄糖醛酸结合,随尿排出。乙酰化后不但失去了药理活性,而且不良反应也增加。可见这两种药物对不同种属动物的药效和毒性都有差别。

不同种属动物对药物的反应也有差异,大鼠、小鼠、豚鼠和兔对催吐药不产生呕吐反应,在猫、犬和人则容易产生呕吐。组织胺使豚鼠支气管痉挛窒息而死亡,对于家兔则会收缩其血管和使其右心室功能衰竭而死亡。苯可使家兔白细胞减少及造血器官发育不全,而对犬却会使其白细胞增多及脾脏和淋巴结增生;苯胺及其衍生物对犬、猫、豚鼠能引起与人相似的病理变化,使其产生变性血红蛋白,但在家兔身上则不易产生变性血红蛋白,在小鼠身上则完全不产生。

不同种属动物的基础代谢率相差很大。常用的实验动物中以小鼠的基础代谢最高,鸽、豚鼠、大鼠次之,猪、牛最低。

二、种系

实验动物由于遗传变异和自然的选择作用,即使是同一种属动物,也有不同种系。采用不同遗传育种方法,可使不同个体之间在基因型上千差万别,在表现型上同样参差不齐。因此,同一种属不同种系动物,对同一刺激的反应有很大差异。不同品系的小鼠对同一刺激具有不同反应,而且各个品系均有其独特的品系特征。例如DBA/2小鼠(35月龄)的听源性癫痫发作率为100%,而C57BL小鼠根本不出现这种反应。BALB/cAnN小鼠对放射线极敏感,而C57BR/CdJN小鼠对放射线却具有抗力。C57L/N小鼠对疟源虫易感,而C58/LwN、DBA/1JN小鼠对疟原虫感染有抗力。STR/N小鼠对牙周病易感,而DBA/2N对牙周病具有抗力。C57BL 小鼠对肾上腺皮质激素(以嗜伊红细胞为指标)的敏感性比 DBA 小鼠高 12 倍,DBA 小鼠对雌激素比 C57BL 小鼠敏感。已经证明 DBA 小鼠的促性腺激素含量比 A 种小鼠高 1.5 倍,而 C3H 小鼠的甲状腺素含量比 C57BL 小鼠高 1.5 倍。摘除 C57BL 小鼠的卵巢对肾上腺无明显影响,但摘除 DBA 小鼠的卵巢却使其肾上腺增大,对 CE 小鼠甚至引起肾上腺癌。乙烯雌酚可引起 BALB/c 小鼠的睾丸瘤,而 C3H 小鼠则不能。

三、年龄和体重

年龄是一个重要的生物量。动物的解剖生理特征和反应性随年龄而明显地变化。一般情况下,幼年动物比成年动物敏感。如用断奶鼠做实验,其敏感性比成年鼠要高。这可能与机体发育不健全,解毒排泄的酶系尚未完善有关。但有时因过于敏感而与成年动物的试验结果不一样,所以一般认为,不能完全取代成年动物试验。老年动物的代谢功能低下,反应不灵敏,不是特别需要,一般不选用。因此,一般动物实验设计应选成年动物进行。一些慢性实验,观察时间较长,可选择年幼、体重较小的动物做实验。研究性激素对机体影响的实验,一定要用幼年或新生的动物。制备 Alloan 糖尿病模型和进行一些老年医学的研究应选用老年动物。10～28 周龄的小鼠用氯丙嗪后出现血糖升高,而老年的小鼠则是血糖降低。吩噻嗪类药物产生锥体外系症状随年龄增加而增加。咖啡碱对老年大鼠的毒性较大,对幼年大鼠毒性较小。

有人将在大鼠、小鼠按年龄分成幼年、成年和老年 3 组,观察年龄对乙醇、汽油、戊烷、苯和二氯乙烷等急性毒性的影响。小鼠以 6～8 周龄,9～18 周龄和 9～24 周龄为分组标准,大鼠以 1～1.5 月龄,2～10 月龄和 11～24 月龄为分组标准分成相应的 3 组。按 LD_{50} 及麻醉浓度来看,敏感性基本是幼年＞老年＞成年。

对毒物反应的年龄差异,可能与解毒酶活性有关。胎儿时因缺乏这些酶,故对毒物很敏感。小鼠新生儿的解毒酶约在出生后 8 周内达到成人水平。大鼠的葡萄糖醛酸转换酶,约在出生后 30 天才达到成年大鼠的水平。兔出生 2 周后,肝脏开始有解毒活性,3 周后活性更高,4 周后已与成年兔接近。

实验动物年龄与体重一般呈正相关，小鼠和大鼠根据体重推算其年龄。但其体重和饲养管理有密切关系，动物正确年龄应以其出生日期为准。常用几种成年实验动物的年龄和体重、寿命比较如表 7-1 所示。

表 7-1 成年动物的年龄、体重和寿命比较

	小 鼠	大 鼠	豚 鼠	兔	犬
成年日龄(d)	65～90	85～110	90～120	120～180	250～360
成年体重(g)	20～28	200～280	350～600	2000～3500	8000～15000
平均寿命(y)	1～2	2～3	＞2	5～6	13～17
最高寿命(y)	＞3	＞4	＞6	＞13	＞34

动物比较生理和生化学的研究表明，动物的一系列功能指标的参数与体重有显著相关性，如表 7-2 所示。

表 7-2 哺乳动物的功能状态与体重的关系

动物	脉率(次/s)	细胞色素氧化酶活性(以每 kg 体重计)	动物	脉率(次/s)	细胞色素氧化酶活性(以每 kg 体重计)
小鼠	600	141	大鼠	352	84
豚鼠	290	61	猫	240	—
兔	251	22	犬	120	—
羊	43	8.6	马	38	4.5

四、性别

许多实验证明，不同性别动物对同一药物的敏感性差异较大，对各种刺激的反应也不尽一致，雌性动物性周期不同阶段和怀孕、哺乳时的机体反应性有较大的改变，因此，科研工作中一般优先选雄性动物或雌雄各半做实验。动物性别对动物结果不受影响的实验或一定要选用雌性动物的实验例外。

药物反应有性别差异的例子很多。如激肽释放酶能增加雄性大鼠血清中的蛋白结合碘，减少胆固醇值，然而对雌性大鼠，它不能使碘增加，反而使之减少。麦角新碱给与 5～6 周龄的雄性大鼠，可以见到镇痛效果，如给雌性大鼠，则没有镇痛效果。3 月龄的 Wistar 大鼠摄取乙醇量按单位体重计算，雌性比雄性多，排泄量也是雌性的多。还可举出更多的例子。药物反应性方面的性别差异，如表 7-3 所示。

表 7-3　药物反应性的性别差异

药　物	动物种	感受性强的性别	药　物	动物种	感受性强的性别
肾上腺素	大鼠	雄	铅	大鼠	雄
乙醇	小鼠	雄	野百合碱	大鼠	雄
四氧嘧啶	小鼠	雌	烟碱	小鼠	雄
氨基比林	小鼠	雄	氨基蝶呤	小鼠	雄
新胂凡钠明	小鼠	雌	巴比妥酸盐类	大鼠	雌
哇巴因	大鼠	雄	苯	家兔	雌
印防己毒素	大鼠	雌	四氯化碳	大鼠	雄
钾	大鼠	雄	氯仿	小鼠	雄
硒	大鼠	雌	地辛	犬	雄
海葱	大鼠	雌	二硝基苯酚	猫	雌
固醇类激素	大鼠	雌	麦角固醇	小鼠	雄
士的宁	大鼠	雌	麦角	大鼠	雄
碘胺	大鼠	雌	乙基硫氨酸	大鼠	雌
乙苯基	大鼠	雌	叶酸	小鼠	雌

五、生理状态

动物的生理状态如怀孕、哺乳时，对外界环境因素作用的反应性常与不怀孕、不哺乳的动物有较大差异。因此，在一般实验研究中不宜采用这种动物。但当为了某种特定的实验目的，如为了阐明药物对妊娠及产后的影响时，就必须选用这类动物（为了达到这种实验目的，大鼠及小鼠是最适合的实验动物）。又如动物所处的功能状态也常影响对药物的反应，动物在体温升高的情况下对解热药比较敏感，而体温不高时对解热药就不敏感；血压高时对降压药比较敏感，而在血压低时对降压药敏感性就差，反而可能对升压药比较敏感。

六、健康情况

一般情况下健康动物对药物的耐受量比有病的动物要大，所以有病动物比较易于中毒死亡。动物发炎组织对肾上腺激素的血管收缩作用极不敏感。有病或营养条件差的家兔不易复制成功动脉粥样硬化动物模型。犬食量不足，体重减轻 10%～20%后，麻醉时间显著延长。有些犬因饥饿、创伤等原因，在尚未正式做休克实验时，即已进入休克。动物发热可使代谢增加，体温升高 1 度，代谢率一般增加 7%左右。维生素 C 缺乏的豚鼠对麻醉药很敏感。有人证明，在 15～17℃下饥饿 12h 的成年大鼠肾上腺的维生素 C 含量为 306mg/100g，但同样动物在 20～22℃正常情况下饲养 10 天，肾上腺的维生素 C 含量却为 456mg/100g。把植物油给大鼠食后 2h，可使硫喷妥钠的麻醉时间减少 50%。

动物潜在性感染，对实验结果的影响也很大。如观察肝功能在实验前后的变化时，必须要排除实验用的家兔是否患有球虫病，不然家兔的肝脏上已有很多球虫囊，肝功能必然发生变化，所测结果波动很大。

实验动物病毒潜在感染：如仙台病毒是大、小鼠群中常见的潜在病毒感染之一，对实验研究带来严重干扰，可严重影响体液和细胞介导的免疫应答，可抑制大鼠淋巴细胞对绵羊红细胞的抗体应答，减弱淋巴细胞对植物血凝素和刀豆素的促有丝分裂应答，可对小鼠免疫系统产生长期的影响，包括自发性自体免疫疾病发病率明显增高，抑制吞噬细胞的吞噬能力及在细胞内杀灭、降解被吞噬细菌的能力，对移植免疫学产生影响，可加大同种异系，甚至同系小鼠之间皮肤移植的排斥。

实验动物的细菌潜在感染：如泰泽菌、鼠棒状杆菌、沙门菌均可引起肝灶性坏死。嗜肺巴氏杆菌、肺炎链球菌、肺霉形体等均可引起肺部疾患。又如金黄色葡萄球菌等，一般不引起动物自然发病，当动物在某些诱因的作用下，机体抵抗力下降，可导致疾病发生，甚至流行。这些细菌均可严重干扰动物实验的结果。

实验动物的寄生虫潜在感染：如膜壳绦虫分泌的毒素，可导致肠粘膜发生局灶充血和出血，甚至造成溃疡坏死。溶组织阿米巴浸入肠粘膜和肝脏时分泌的蛋白溶解酶，可使所在组织细胞遭到大量破坏。肝片吸虫虫体进入胆管后，由于虫体及有毒代谢产物的作用，会致使胆管发炎，胆管上皮增生和胆管纤维变性，逐渐引起胆管堵塞，肝脏萎缩硬化。棘球蚴的囊液破裂后可产生强烈的过敏反应，使之产生呼吸困难、体温升高、腹泻等症状。

健康动物对各种刺激的耐受性一般比不健康、有病的动物要大，实验结果稳定，因此一定要选用健康动物进行实验，患有疾病或处于衰竭、饥饿、寒冷、炎热等条件下的动物，均会影响实验结果，选用的动物应没有该动物所特有的疾病，如小鼠的脱脚病（鼠痘）、病毒性肝炎和肺炎、伤寒，鼠的沙门菌病、病毒性肺炎、化脓性中耳炎，豚鼠的维生素C缺乏症、传染性肺炎、沙门菌病，家兔的球虫病、巴氏杆菌病，犬的狂犬病、犬瘟热，猫的传染性白细胞减少症、肺炎，猕猴的结核病、肺炎、痢疾等。

动物因各种原因可致死或发生微生物、寄生虫潜在感染，极易造成疾病的暴发和流行，有的虽然不发生急性疾病，但潜在的感染会对实验研究产生严重干扰，使实验结果不稳定，甚至造成实验失败。

第二节　环境和营养因素

一、实验动物的环境

生物的环境泛指围绕生物体的一切事物，是生物赖以生存的外部条件。野生动物生活在大自然，它们适者生存并繁衍后代，不适者淘汰灭绝。与野生动物不同，实验动物是为了满足人类科研需要，按人类意愿培育的特殊动物，其生物学特性和遗传特性的获得与维持依靠人类，所携带的微生物等受到严格控制。这种人工控制的，供实验动物繁殖、生长的特定场所及有关条件，即围绕实验动物的所有事物的总和，称实验动物环境。实验动物的环境包括外环境和内环境。

（一）实验动物外环境

实验动物外环境是指实验动物和动物实验设施以外的环境。其质量的高低可影响内环境。因而，有关国家标准亦对实验动物外环境提出了具体要求。

(二)实验动物内环境

实验动物内环境是指依科研要求和人们的意愿,将实验动物的生长、繁殖或活动限定在某种特定的人工场所范围内。内环境又分为大环境和小环境,前者指包围在实验动物体的饲养场内,直接对实验动物产生影响的各种理化因素,如温度、湿度、气流速度、氨浓度、光照周期及限度、燥声等。而后者,则指放置实验动物笼架器具等辅助设施的饲养间和实验间的各种理化因素。本章主要介绍大环境和小环境。

二、影响动物实验效果的环境因素

动物实验选用的动物一般都较长时间甚至终生被限制在一个极其有限的环境范围内生活。这些环境形成了实验动物赖以生存的条件,当环境条件改变时,将会严重影响动物实验的效果。动物的性状表现主要由遗传因素和环境因素决定。动物的基因型承受环境影响,而表现型又受到动物邻近环境的影响而出现反应型。动物实验的目的是对反应型进行各种有控制的处理,从而获得实验结果。为求得动物实验结果重复性好,就必须要求反应型(即供实验用的动物)稳定。这就需要对决定反应型的遗传和环境条件加以控制。

基因型、表现型及反应型与环境因素的关系如图 7-1 所示。动物实验处理的反应可用下式表示:$R=(A+B+C)\times D+E$。式中:R—实验动物的总反应;A—实验动物种的共同反应;B—动物品种及品系特有的反应:C—动物个体反应(个体差异);D—环境的影响(包括实验处理);E—实验误差。

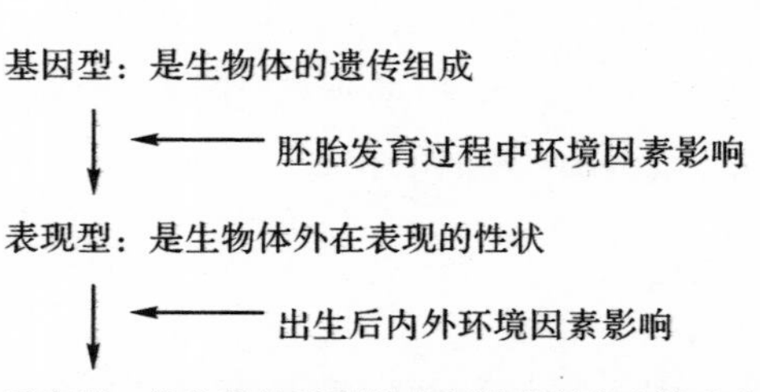

图 7-1 基因型、表现型及反应型与环境因素的关系

从式中可以看出A,B,C是实验动物本身的反应,遗传因素起决定性作用。D是环境因素,它与动物的总反应R呈正相关,并起主要作用。所以在D值中应尽量排除实验处理以外其他环境因素的影响,使R值可以真正表达实验处理的结果。这就是在饲养实验动物和进行动物实验过程中对环境因素做必要控制的理由。

三、环境因素的分类

(一)气候因素

气候因素包括温度、湿度、气流、风速、换气次数等。

(二)理化因素

理化因素包括臭气、二氧化碳、粉尘、噪声、照度、消毒剂、有害化学物质等。

(三)居住因素

居住因素包括房屋、饲养笼具、垫料、饮水器等。

(四)生物因素

生物因素包括动物饲养密度、微生物、与人和其他动物的关系等。

实验动物环境因素比较复杂。不论是自然因素和人为因素,都不是孤立的,而是相互联系并产生影响的。环境因素具有“有利”和“有害”作用两个方面,一方面环境因素是实验动物生存的必要条件,动物通过新陈代谢不断地同周围环境进行物质和能量的交换,同时动物经常接受外界环境刺激产生免疫反应增强体质,促进生长,实验动物只有在舒适的环境中才能正常生长、发育、繁育和用于实验;另一方面环境因素也存在对动物机体有害的各种因素,动物在有害因素作用下,虽然能产生保护性反应或通过一定适应来消除或减轻这些有害因素的作用,但“有害”情况超过一定水平,就会使动物机体不能承受,从而产生直接或间接危害,使动物各种功能失调,甚至死亡。因此,实验动物环境控制的原则是,充分利用和创造那些对实验动物有利的因素,消除和防止那些有害因素以保证实验动物的健康并达到实验的目的,如图7-2所示。

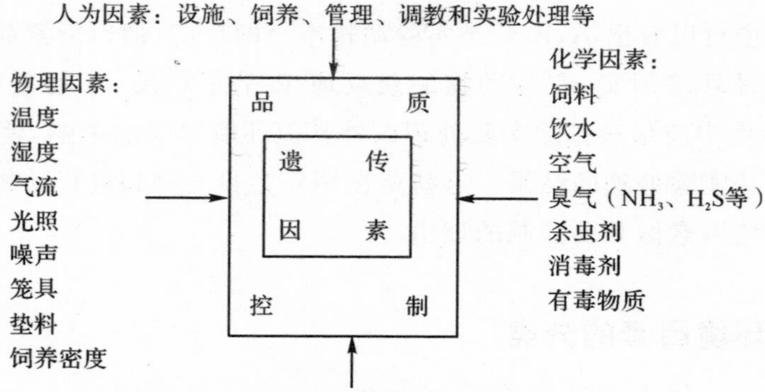

图 7-2 实验动物的环境因素

四、各种环境因素对动物实验效果的影响

（一）温度

温度变动缓慢，在一定范围内，机体可以本能地进行调节与之适应。但变化过大或过急，机体将产生行为和生理方面的不良反应，影响实验结果。

当环境温度过低时，常导致哺乳类实验动物性周期的推迟；而温度越过 30℃时，雄性动物则出现睾丸萎缩，产生精子的功能下降，雌性动物出现性周期紊乱，泌乳能力下降或拒绝哺乳，妊娠率下降。因此实验环境温度过高或过低，都能导致机体抵抗力下降，使动物易于患病，均可影响实验结果的正确性，甚至造成动物死亡。将 9～10 周龄 ICR 小鼠放置在 10～30℃气温环境下观察生理反应，随着气温的升高，小鼠的脉搏数、呼吸数和发热量都呈直线下降，如表 7-4 所示。这表明小鼠的心跳、呼吸、产热等生理反应对环境气温的变化是很敏感的，这也意味着气温将影响生理实验的结果。两种不同温度对药物 LD_{50} 影响如表 7-5 所示。

表 7-4 环境温度与小鼠的脉搏数、呼吸数、发热量的关系

	环境温度(℃)	小鼠数	平均	标准偏差	相差系数
心跳数	17	15	752.1 次/min	21.2	
	20	15	729.2 次/min	26.1	r=−0.821

续　表

	环境温度(℃)	小鼠数	平均	标准偏差	相差系数
	23	14	907.5 次/min	21.9	$P<0.01$
	26	16	659.3 次/min	29.6	
	29	11	826.6 次/min	28.5	
呼吸数	16	13	285.7 次/min	24.9	
	19	21	238.4 次/min	33.2	
	22	10	207.3 次/min	28.5	r=−0.859
	25	10	178.6 次/min	27.4	$P<0.01$
	28	11	150.7 次/min	17.6	
发热量	10	5	3.56kJ/h	0.12	
	15	6	3.18kJ/h	0.13	
	20	6	2.89kJ/h	0.08	r=−0.69
	25	7	2.55kJ/h	0.08	$P<0.01$
	30	5	2.59kJ/h	0.06	

表 7-5　两种不同温度对药物 LD_{50} 影响

药　物	15.5℃	27℃
苯异丙胺	197.0	90.0
盐酸脱氧麻黄碱	111.0	33.2
麻黄碱	477.1	565.0

(二)湿度

空气中湿度是指大气中水分含量，按每立方米实际含水量(g)表示，称为绝对湿度；空气中实际含水量同等温度下饱和含水量的百分比值，称为相对湿度。相对湿度对动物机体热调节有密切关系，当环境温度与体温接近时，动物体可通过蒸发作用来放散体热，而当环境湿度达到饱和状态时(即高温、高湿的情况下)，动物体的蒸发受到抑制，容易引起代谢紊乱，使动物机体抵抗力下降，发病率增加。同时在高湿的情况下有利于病原微生物和寄生虫的生长繁殖，垫料与饲料易发生霉变，对动物的健康不利。在低湿情况下，大、小鼠的哺乳母鼠常发生拒绝哺乳或吃仔鼠现象，导致仔鼠发育不良；低湿使室内灰尘飞扬，容易引起动物呼吸道疾病。多数动物不耐低温，低温、干燥环境下大鼠容易发生一种表现为尾根部坏死、溃烂的环尾症，此病死亡率颇高。当温度为27℃、相对湿度20%时，几乎所有大鼠都发生环尾症；温度为40%时此病发生率为20%～30%；而相对湿度大于60%时则没有发生此症。一般动物在高温高湿情况下，易发生某些传染性和非传染性疾病；而新捕获的猴，则要求较高的湿度和温度，南美产的猴尤为如此。

（三）气流及风流

气流大小与体热的散发有关。实验动物单位体重与体表面积的比值较大，气流速度过小，空气流通不良，室内充满臭气，散热困难，造成疾病产生，甚至动物死亡；气流速度过大，动物体表散热量增加，同样危及健康。病原微生物随空气流动，动物设施内各区域的静压状况（正压、负压）决定了空气流动方向。在双走廊SPF设施中空气流动方向是清洁走廊→饲育室→污物走廊、淋浴室→设施外，室内处于正压；而在污染或放射性实验的动物房，为了防止微生物和放射性物质扩散，室内必须处于负压。国际上一般规定设施内的压力梯度为20～50Pa。此外，饲养室送风口和排风口气流较大，因此在布置动物笼架、笼具时应尽量避开风口。

（四）空气洁净度

动物实验观察室内空气中漂浮着颗粒物（微生物多附着在颗粒物上）与有害气体，可对动物机体造成不同程度的危害，也可干扰动物实验过程。

（1）气体污染。动物粪尿等排泄物发酵分解产生的污物种类很多，一般有氨、甲基硫醇、硫化氢、硫化甲基、三甲氨、苯乙烯、乙醛和二硫化甲基。有学者测定了不同种类实验动物室内恶臭物质的浓度，如表7-6所示。

从表7-6可见氨是这些污染物质中浓度最高的一种，各种动物饲养室均可测出。因此，氨浓度常是判断饲养室污染状况的监测指标。当动物饲养室温度上升、动物密度增加、通风条件不良、排泄物和垫料未及时清除时，都可以使饲养室氨浓度急剧上升。氨作为一种刺激性气体，当其浓度升高时，可刺激动物眼结膜、鼻腔粘膜和呼吸道粘膜而引起流泪、咳嗽，严重时甚至产生急性肺水肿而引起动物死亡。长期处于高浓度氨的环境下，实验动物上呼吸道会出现慢性炎症，使这些动物失去使用价值。

根据实验，室中氨的含量 130×10^{-6} g/L 时对动物略有刺激作用，含量为 250×10^{-6} g/L 时，豚鼠 4～9 天内死去 80%，含量为 500×10^{-6} g/L 时，家兔气管及支气管出血，含量为 408×10^{-6} g/L 时会刺激咽喉，含量为 698×10^{-6} g/L 时会刺激眼部，含量为 1720×10^{-6} g/L 会导致咳嗽。

硫化氢（H_2S）是具有强烈臭鸡蛋味的有毒气体，空气中 0.0001%～0.0002%即能察觉。动物粪便和肠中产生的臭气中含有 H_2S。吸入的 H_2S 在呼吸道中生成 Na_2S，以至使组织失去 Na^+，此即粘膜受刺激的生化基础。H_2S 也能刺激神经。当温度增高时会 H_2S 增加毒性，室内 H_2S 和 NH_3 均易诱发家兔鼻炎。此外，浓厚的雄性小汗腺分泌物的臭气，也能招致雌性小鼠性周期紊乱。

表 7-6　不同种动物饲养室与排气口中恶臭物质（山内忠平，1985）

动物种别		小鼠	大鼠	家兔	犬	猫	猴	总排气口
面积（m^2）		9.6	21.6	86.4	21.6	21.6	14.4	N=0.7
收容只数		340	280	205	24	19	19	
恶臭物质	氨气（mg/L）	19.0	1.8	26.7	24.7	15.0	23.7	2.5±0.70
	甲基硫醇（mg/L）	0.1	0.1	0.1	2.6	1.7	0.8	0.07
	硫化氢（mg/L）	0.1	0.5	0.4	3.7	7.5	3.4	0.45±0.19
	硫化甲基（mg/L）	0.2	0.2	0.6	1.6	0.8	0.3	0.06
	三甲胺（mg/L）	未检出	未检出					
	苯乙烯（mg/L）	未检出	未检出					
	乙醛（mg/L）	未检出	未检出	未检出	未检出	未检出	未检出	未检出
	二硫化甲基（mg/L）	未检出	未检出	未检出	0.6	0.4	未检出	未检出

注：星期一清扫前测定。各室温度均为 22±2℃，湿度均为（50±10）%，换气次数均为 10 次/h，各数值取 3 次的平均值。

（2）颗粒物污染。动物饲养空气中颗粒物的来源主要有两个途径，其一为室外空气未经过滤处理直接带入，另外动物皮毛、皮屑、饲料和垫料等往往可以被气流携带或因动物活动而扬起在空气中漂浮，形成颗粒物污染。粉尘颗粒对动物的危害随颗粒的大小而不同，颗粒大的在空气中漂浮时间短，影响程度小；颗粒小的在空气中漂浮时间长，影响程度大。粉尘对动物机体的影响主要是那些只有 5μm 以下的粉尘，这种小颗粒经呼吸道吸入后可到达细支气管与肺泡，从而引起呼吸道疾病。颗粒物除本身对动物产生不良影响外，还可以成为微生物的载体，可把各种微生物粒子包括细菌、病毒和寄生虫等带入饲养室。因此，饲养清洁级以上实验动物的设施，必须对进入饲养环境的空气进行有效的过滤，使空气达到一定洁净度。

(五)通风和换气

动物室的通风换气，其目的在于供给动物新鲜空气，除去室内恶臭物质，排出动物呼吸、照明和机械运转产生的余热，稀释粉尘和空气中浮游微生物，使空气污染减少到最低程度。通风换气量的标准可以根据动物代谢量来估计。但一般动物房的换气以换气次数来衡量，即每室的空气1小时更换几次。当然换气次数越高，空气越新鲜，但换气次数增加势必导致能量的损失增加，所以一般控制在适当的次数。各种实验动物的代谢量和必要换气量如表 7-7 所示。

表 7-7 各种实验动物的代谢量和换气量

动物	体重(g)	代谢量（与1人等价动物数）	保持良好空气状态	
			气流(m^3/只)	换气量(m^3/h)
小鼠	21	672	0.085	0.85
大鼠	200	110	0.113	1.27
	400	73	—	—
金黄地鼠	—	—	0.226	2.54
豚鼠	410	70	0.170	1.70
家兔	2 600	21	0.283	3.20
犬	14 000	5	4.25	47.20
猫	3 000	16	1.00	17.00
猴	—	16	—	—

(六)光照

光照对实验动物的生理功能有着重要的调节作用。光线的刺激通过视网膜和视神经传递到下丘脑,经下丘脑的介导,产生各种神经激素,以控制垂体中促性激素和肾上腺皮质激素的分泌。因此,光线对实验动物的影响主要表现在生理和行为活动。

光对动物的生殖来说是一个强烈的刺激因素,起定时器的作用。机体的基本生化和激素的调节直接或间接地与每天的明暗周期同步。在生殖中,利用人工控制光照,可以调节整个生殖过程,包括发情、排卵、交配、分娩、泌乳和育仔等。持续的黑暗条件下可抑制大鼠的生殖过程,使卵巢减轻;相反,持续光照,则过度刺激生殖系统,产生连续发情,大、小鼠出现永久性阴道角化,有多数卵泡达到排卵前期,但不形成黄体。光照过强会导致雌性动物做窝性差,甚至出现吃仔和哺乳不良现象。强光照导致出现视网膜退行性变化,白色大鼠在540~980Lux照度下持续65天,其角膜完全变性。

完全依靠灯光照明的动物设施中,应采用人工照明,这就要求光源的分布合理,使饲养室和实验室的每一场所都有均匀的光照。一般要求在距地面0.8~1m处,照度达到150~300Lux。这对工作人员的操作、观察动物提供了方便。按照动物昼夜活动和休眠的规律,光照形式应采用明、暗交替形式。

(七)音响噪音

噪音可引起动物紧张,并使动物受到刺激。即使是短暂的噪音也能引起动物在行为上和生理上的反应。豚鼠特别怕噪音,会产生不安和骚动,因而可引起孕鼠的流产或母鼠放弃哺幼仔。此外,动物能听到人类所听不到的更高频率的音响,即动物能听到较宽的音域,如小鼠能听到频率为1~5kHz的音响,而人类只能听到1~2kHz的范围。所以音响对动物的影响不能忽视。国家规定,动物实验室和实验动物饲养室的噪音应在60dB以下。

噪音可造成动物听源性痉挛。小鼠是在噪音发生的同时出现反应的,表现为耳朵下垂呈紧张状态,接着出现洗脸样动作,头部出现轻度痉挛，发生跳跃运动，严重者全身痉挛，甚至四肢僵直伸长而死亡。听源性痉挛的反应强度随音响强度、频率、日龄、品系而改变，如表 7-8 所示。豚鼠在 125dB 下刺激 4 小时，听神经终末器官的毛样听觉细胞出现组织学变化。

表 7-8 不同品系小鼠对听源性痉挛发作的感受性

品 系	雄 鼠		雌 鼠	
DBA/2	12/12	100%	10/10	100%
J：ICR	68/80	80%	106/155	68%
JCl：ddn	23/33	70%	8/17	47%
DDD	3/15	20%	2/16	13%
C57BL/Db	1/11	9%	0/19	0
BALB/c	0/15	0	0/15	0
C3H/HeN	0/17	0	0/19	0
TVCS	0/14	0	0/13	0
KK	0/15	0	0/12	0
NC	0/16	0	0/17	0

注：3～4 周龄；音刺激强度 10kHz，100dB，2min(引自山内忠平 1985)。

(八)居住因素

(1)笼器具。笼器具应选用标准的无毒、耐腐蚀、耐高压、易冲洗、易消毒灭菌的耐用材料制成的笼具，并应符合动物生理生态及防逃逸的要求。各类动物所占笼具最小面积应符合国家标准要求。笼器具内外边角均应圆滑、无锐口。

(2)垫料。垫料应使用标准的无毒、无异味、无油脂、吸湿性强、粉尘少的材料，经消毒或灭菌后使用。

(3)饮水。普通级动物一般饮用符合卫生标准的自来水即可，但清洁级以上动物必须饮用经酸化无菌、高压灭菌或超滤去菌的水。

(九)生物因素

(1)空气中的微生物。空气中微生物的含量是实验动物环境重要的检测指标。空气中的微生物分为致病性和非致病性两类。一般与粉尘结合形成气溶胶，随着气流扩散而扩散。湿度很高时会为气溶胶内的微生物提供良好的生活环境，从而引发实验动物感染发病。

(2)社会因素和饲养密度。实验动物社会因素是指在某个种属中，实验动物个体的优劣与社会地位及饲养密度等。不同种属实验动物的社会性各有特点。但动物的优劣通常决定它在其社会的地位。如猕猴中有一只最强壮的公猴为王。饲养密度可对实验动物的社会造成明显影响。密度过高，动物活动受限，易发生激烈争斗而被咬伤，同时可导致环境温湿度增高，排泄物增加，有害气体增多，直接影响实验动物健康。但动物单独饲养，如狗在进行长期毒性实验时，也会引起生理和行为的变化。

五、营养因素对动物实验效果的影响

保证动物足够量的营养供给是维持动物健康和提高动物实验结果精确度的重要因素。实验动物对外界环境条件的变化极为敏感。其中饲料对动物的关系更为密切。动物的生长、发育、繁殖、增强体质和抗御疾病以及一切生命活动无不依赖于饲料和取决于饲养。动物的某些系统和器官，特别是消化系统的功能和形态是随着饲料的品种而变异的。实验动物品种不同，其生长、发育和生理状况都有区别，因而对各种营养的要求也不一致。我国实验动物饲喂的饲料的营养比例如表 7-9 所示。

表 7-9 我国实验动物的饲料营养比例(%)

营养物质	动物种类		
	大鼠和小鼠	塚家兔和豚鼠	地鼠
蛋白质	20～24	20	20～25
脂肪	4～6	4	6～6.5
醣	40～45	50～60	40～42
粗纤维	10～15	8～12	≤6%
钙	1.5	1.2	1.5
磷	0.75	0.8	1

(一)蛋白质缺乏对实验动物的影响

饲料中的蛋白质含量不足,某些必需氨基酸缺乏或比例不当,则动物生长发育缓慢、抵抗力下降,甚至体重减轻,并出现贫血、低蛋白血症等;长期缺乏可导致水肿,并影响生殖。但长期给动物喂食蛋白质含量过高的饲料,则会引起代谢紊乱,严重者甚至出现酸中毒。因而,应供给实验动物含适量蛋白质的饲料。

(二)碳水化合物缺乏对实验动物的影响

碳水化合物由碳、氢、氧 3 种元素组成,通常分为无氮浸出物和粗纤维两大类。无氮浸出物(即醣类)包括淀粉和糖,是实验动物的主要能量来源。饲料中的醣类被动物采食后,在酶的作用下分解为葡萄糖等单糖而被吸收。在体内,大部分葡萄糖氧化分解产生热能,供机体利用;小部分葡萄糖在肝脏形成肝糖元储存,尚可转化为脂肪。碳水化合物缺乏常引起机体代谢紊乱。

(三)脂类缺乏对实验动物的影响

脂类包括脂肪、脑磷脂、卵磷脂、胆固醇等,后 3 种类脂质是细胞膜和神经等组织的重要组成成分。脂肪被机体消化吸收后,可通过代谢产生热量供动物利用。多余的能量可转变为脂肪,并在皮下形成脂肪层:脂肪组织除了储备能量外,尚有保温,以及缓冲外力的保护作用。脂肪还是脂溶性维生素 A,D,E,K 的溶剂,可促进其被吸收和利用。

脂肪由脂肪酸和甘油组成。脂肪酸中的亚油酸、亚麻酸、花生四烯酸等在实验动物体内不能合成,而只能从饲料中摄取,称必需脂肪酸。必需脂肪酸缺乏可引起严重的消化系统和中枢神经系统功能障碍,如可使动物患皮肤病、脱毛、尾坏死、发育停止、生殖力下降、泌乳量减少,甚至死亡。饲料中脂肪过多则会使动物肥胖而影响健康,并且不利于实验研究。

(四)矿物质缺乏对实验动物的影响

饲料分析中的粗灰分即矿物质,包括钙、磷、钾、钠、氯、镁等常量元素，以及铁、铜、锌、锰、碘等微量元素。前者占实验动物体重的0.01%以上，而后者则占其体重0.01%以下。矿物质对实验动物机体的生理机能及生长发育繁殖起重要作用。

(1)钙和磷。在机体内，80%～90%以上的钙和磷是构成骨骼和牙齿的重要成分。钙还参与对血液和组织液的调节，并与维持神经肌肉的适当兴奋性，以及血液凝固机制等生理过程有关。磷脂与蛋白质结合参与能量代谢过程。磷还参与形成三磷酸腺苷(ATP)、DNA和RNA，并有助于维持体液酸碱平衡等。

(2)氯和钠。氯和钠两者以离子形式存在，参与维持血浆和体液的渗透压、pH值，以及水盐代谢平衡，维持神经系统生理功能等。饲料中应含有1%食盐。氯和钠缺乏会引起实验动物对蛋白质和碳水化合物的利用减少，并发育迟缓，繁殖力下降。

(3)钾和镁。两者参与糖和蛋白质的代谢。钾离子影响神经系统的活动，维持心脏、肾脏及肌肉的正常功能。镁离子为维持骨骼正常发育所必需。缺镁时，实验动物可出现神经过敏、肌肉痉挛、惊厥等症状。在植物性饲料和含钙高的饲料中，一般不缺乏钾和镁。但摄入过多的镁可引起实验动物腹泻。

(4)微量元素。其来源、营养作用和缺乏症，如表7-10所示。

表7-10　微量元素的营养作用、缺乏症

微量元素	营养作用	缺乏时的主要表现
铁(Fe)	血红蛋白的重要成分，运输氧气，参与细胞内生物氧化过程	贫血、生长发育不良、精神萎靡、皮毛粗糙无光泽
铜(Cu)	与造血过程、神经系统及骨骼正常发育有关，亦为多种酶的活化剂	腹泻、四肢无力、营养性贫血
锌(Zn)	许多酶的成分，以碳酸酐酶最重要	生长停止、进行性消瘦、脱毛、不孕、性周期紊乱、形态变异
锰(Mn)	参与造血、骨骼发育、脂肪代谢	生长发育不良、共济失调、骨节肥大
碘(I)	甲状腺素成分，与基础代谢有关	甲状腺肿、粘液性水肿

(五)维生素缺乏对实验动物的影响

维生素在体内主要作为代谢过程的激活剂，调节控制机体的代谢活动。实验动物对维生素的需要量虽然很小,却为维护机体的健康、促进生长发育、调节生理功能所必需。通常按溶解性把维生素分为脂溶性和水溶性两大类。脂溶性包括维生素 A,D,E,K,水溶性包括维生素 B 族和维生素 C。一般饲料中容易缺乏的是维生素 A,C 和 E。

各种维生素的来源、生理功能和缺乏症,如表 7-11 所示。

表 7-11 维生素的生理功能、缺乏症

维生素	生理功能	缺乏症
脂溶性		
维生素 A	维持正常视觉,参与上皮细胞正常形成,促进生长发育	视觉损害、夜盲症、上皮粗糙、角化骨发育不良生长迟缓
维生素 D	促进钙吸收与骨骼的形成	软骨病有关
维生素 E	与胚胎发育及繁殖有关,保持心血管系统结构功能的完整性	生殖系统受损、睾丸萎缩、肌肉麻痹、瘫痪、红细胞溶血
水溶性		
维生素 B_1	参与糖代谢	多发性神经炎
维生素 B_2	参与生物氧化、晶状体及角膜的呼吸链过程,维护皮肤粘膜完整性	生长停止、脱毛、白内障、角膜血管新生
维生素 C	参与糖、蛋白质代谢,参与胶原、齿质及骨细胞间质生成	坏血病

(六)水缺乏对实验动物的影响

任何生物都离不开水,水对实验动物的生存至关重要。水约占实验动物体重的 60%,是一切组织、细胞和体液的组成成分。体内物质的输送、组织器官形态的维持、渗透压调节、体温调节、生化反应与排泄等活动的进行,都有赖于水的参与。当实验动物体内水分减少 8%时,就会出现严重干渴、食欲丧失、粘膜干燥、抗病力下降、蛋白质和脂肪分解加强;水分减少 10%时,会引起代谢紊乱;水分减少 20%,将导致动物死亡。因此,缺水对实验动物健康的危害比缺饲料更严重。

六、实验动物与动物实验环境国家标准

由于各种环境因素影响动物实验的效果和动物繁育的质量,我国技术

监督局1994年批准颁布了动物实验环境及设施标准(GB/T14925—94)。2001年又进行了重新修订(GB/T14925—94)。国家标准(GB14925—2001)对实验动物和动物实验环境指标做出了详细规定,具体内容如表7-12～7-15所示。

表7-12　实验动物繁育、生产设施环境指标(静态)

<table>
<tr><th colspan="2" rowspan="3">项　目</th><th colspan="7">指　　标</th></tr>
<tr><th colspan="3">小鼠、大鼠、豚鼠、地鼠</th><th colspan="3">犬、猴、猫、兔、小型猪</th><th>鸡</th></tr>
<tr><th>普通环境</th><th>屏障环境</th><th>隔离环境</th><th>普通环境</th><th>屏障环境</th><th>隔离环境</th><th>屏障环境</th></tr>
<tr><td colspan="2">温度(℃)</td><td>18～29</td><td colspan="2">20～26</td><td>16～28</td><td colspan="2">20～26</td><td>16～28</td></tr>
<tr><td colspan="2">日温差,℃</td><td>—</td><td colspan="2">≤4</td><td>—</td><td colspan="2">≤4</td><td>≤4</td></tr>
<tr><td colspan="2">相对湿度,%</td><td colspan="7">40～70</td></tr>
<tr><td colspan="2">换气次数,次/h</td><td>8～10</td><td>10～20</td><td>20～50*</td><td>8～10</td><td>10～20*</td><td>20～50*</td><td>10～20*</td></tr>
<tr><td colspan="2">气流速度,m/s</td><td colspan="7">0.1～0.2</td></tr>
<tr><td colspan="2">压强梯度,Pa</td><td>—</td><td>20～50**</td><td>100～150</td><td>—</td><td>20～50**</td><td>100～150</td><td>20～50**</td></tr>
<tr><td colspan="2">空气洁净度,级</td><td>—</td><td>10 000</td><td>100</td><td>—</td><td>10 000</td><td>100</td><td>10 000</td></tr>
<tr><td colspan="2">落下菌数,个/皿</td><td>≤30</td><td>≤3</td><td>无检出</td><td>≤30</td><td>≤3</td><td>无检出</td><td>≤3</td></tr>
<tr><td colspan="2">氨浓度,mg/m³</td><td colspan="7">≤14</td></tr>
<tr><td colspan="2">噪声,dB</td><td colspan="7">≤60</td></tr>
<tr><td rowspan="2">照度,Lux</td><td>工作照度</td><td colspan="7">150～300</td></tr>
<tr><td>动物照度</td><td colspan="3">15～20</td><td colspan="3">100～200</td><td>5～10</td></tr>
<tr><td colspan="2">昼夜明暗交替时间,h</td><td colspan="7">12/12或10/14</td></tr>
</table>

注:表中氨浓度指标为动态指标。

* 一般采用全新风,保证动物室有足够的新鲜空气。如果先期去除了粉尘颗粒物和有毒有害气体,不排除使用循环空气的可能,但再循环空气仅限于同一单元,新鲜空气不得少于50%,并保证供风的温、湿度参数。

** 单走廊设施必须保证饲育室、实验室压强最高。

表 7-13 动物实验设施(设备)环境指标(静态)

项目	指标						
	小鼠、大鼠、豚鼠、地鼠			犬、猴、猫、兔、小型猪			鸡
	普通环境	屏障环境	隔离环境	普通环境	屏障环境	隔离环境	隔离环境
温度,℃	19～26	20～25		16～26	18～22		16～26
日温差,℃	≤4	≤3		≤4	≤3		≤3
相对湿度,%	40～70						
换气次数,次/h	8～10	10～20	20～50*	8～10	10～20*	20～50*	20～50*
气流速度,m/s	0.1～0.2						
压强梯度,Pa	—	20～50**	100～150	—	20～50**	100～150	100～150
空气洁净度,级	—	10000	100	—	10000	100	100
落下菌数,个/皿	≤30	≤3	无检出	≤30	≤3	无检出	无检出
氨浓度,mg/m^3	≤14						
噪声,dB	≤60						
照度,Lux 工作照度	150～300						
照度,Lux 动物照度	15～20			100～200			5～10
昼夜明暗交替时间,h	12/12 或 10/14						

注:表中氨浓度指标为动态指标。

* 一般采用全新风,保证动物室有足够的新鲜空气。如果先期去除了粉尘颗粒物和有毒有害气体,不排除使用循环空气的可能,但再循环空气应取自于无污染区域或同一单元,新鲜空气不得少于50%,并保证供风的温、湿度参数。

** 单走廊设施必须保证饲育室、实验室压强最高。

*** 此处动物实验设备系指动物饲养和实验时,保障动物所处的局部环境应达到本环境指标的设备。

表 7-14 各类动物所需居所最小面积

项目	小鼠(g)		大鼠(g)		豚鼠(g)		地鼠(g)	
	≤20	>20	≤150	>150	≤350	>350	≤100	>100
单养(m^2)	0.0065	0.01	0.015	0.025	0.03	0.065	0.01	0.012
群养(m^2)(母+同窝仔)	0.016		0.08		0.09/只		0.09	
最小高度(m)	0.13	0.15	0.18	0.18	0.18	0.22	0.18	0.18

表 7-15　各类动物所需居所最小空间(续)项目

项目	兔(kg)		猫(kg)		犬(kg)			猴(kg)			小型猪(kg)		鸡(kg)	
	≤2.5	>2.5	≤2.5	>2.5	<10	10—20	>20	<4	4—6	>6	≤20	>20	≤2	>2
单养(m^2)	0.20	0.46	0.28	0.37	0.60	1.0	1.5	0.5	0.6	0.75	0.96	1.2	0.12	0.15
群养(m^2)(母+同窝仔)	0.93		—		—			—			—		—	
最小高度(m)	0.40	0.45	0.76(栖木)	0.8	0.9	1.5	0.6	0.7	0.8	0.6	0.8	0.4	0.6	

第三节　技术环节因素

一、动物选择

选择好适合研究需要的实验动物是获得正确实验结果和确保实验成功的重要环节。应按照不同实验的要求选择合适的动物。如做肿瘤的研究工作，就必须了解哪种动物是高癌种，哪种是低癌种，各种动物自发性肿瘤的发生率是多少。如 A 系、C3H 系、AKR 系、津白Ⅱ等小鼠是高癌品系小鼠，C3H/He 6—10 月龄雌鼠有 80%～100% 自发性乳腺癌，AKR8～9 月龄小鼠有 80%～90% 自发性白血病，C57BL 系、津白Ⅰ等小鼠是低癌品系小鼠。不同动物对同一因素的反应往往是相似的，但也常常会遇到动物出现特殊反应的情况。如 5 岁以上的雌犬常有自发性乳腺肿瘤，如果给雌犬激素，就更容易诱发乳腺肿瘤。雌激素还容易引起犬出现贫血，这在其它实验动物是很少见的。

二、实验季节

生物体的许多功能随着季节变化产生规律性的变动。目前已有大量资料表明，动物对化学物作用的反应也受到季节的影响。例如在春、夏、秋、冬分别给 10 只大鼠注入一定量的巴比妥纳，发现入睡时间以春季最短，秋季最长，而睡眠时间则相反，如表 7-16 所示。

表 7-16 大鼠对巴比妥纳反应的季节变动

季节	入睡时间(min)	睡眠时间(min)	季节	入睡时间(min)	睡眠时间(min)
春	56.1±11.0	470±34.0	夏	93.5±11.3	242±14.3
秋	120.0±19.0	190±18.7	冬	66.5±8.2	360±33.0

不同季节,动物的机体反应性有一定改变。如不同季节对辐射效应有影响。家兔的放射敏感性在春夏两季升高,秋冬两季降低。在犬的实验中,在春、夏两季照射后的死亡率比秋、冬季高。小鼠的放射敏感性在冬季和初夏显著升高,而在初秋和夏季则降低。大鼠的放射敏感性则没有明显的季节性波动。因此,这种季节的波动在进行跨季度的慢性实验时是必须注意的。

三、昼夜过程

机体的有些功能还有昼夜规律性变动。例如有人给小鼠皮下重复注入 40%的四氯化碳溶液 0.2ml 后,在同一天不同时间将动物处死,观察肝细胞的有丝分裂动态,以了解肝细胞变性的修复情况。结果表明,小鼠肝细胞有丝分裂的昼夜变动十分明显。如表 7-17 所示。

表 7-17 小鼠肝细胞有丝分裂系数(‰)的昼夜变动

分组	时间(h)							
	0	2	4	6	7	8	9	10
实验	2.4±1.2	2.6±1.2	1.02±0.17	4.11±0.27	0.26±0.06	1.36±0.25	0.66±0.25	0.57±0.08
对照	2.8±1.86	2.6±0.16	6.3±0	6.3±1.48	0.46±0.07	0.26±0.07	0.97±0.05	0.66±0.04

动物对放射的敏感性在昼夜间有不同的变化,这种变化见于不同性别、种系和年龄的小鼠和大鼠。放射敏感性白天降低(死亡较少,LD_{50}/30较高,体重下降较少,肝脏损伤较轻),夜间升高。同时,在小鼠和大鼠实验中,除了夜间(21:00—24:00)的高峰外,还发现白天(小鼠 9:00—12:00,大鼠 15:00)损伤加重情况,下午和后半夜放射敏感性最低。大鼠与小鼠不同,其放射敏感性虽有昼夜间的明显波动,但不很剧烈。经实验证

明实验动物的体温、血糖、基础代谢率、内分泌激素的分泌均会发生昼夜节律性变化。因此，这类实验的观察必须设有相应的对照，并注意实验中某种处理的时间顺序对结果的影响。为了得到可比性的实验结果，所有实验组动物应在同一时间内进行放射或其它实验处理。

四、麻醉深度

动物实验中往往需要将动物麻醉后才行各种手术和实验。要求麻醉深度要适度，而且在整个实验过程中要保持始终恒定。因此不能不区分实验要求和动物品种（或品系）就只用同一种麻醉剂，也不能乱用麻醉剂。因为不同的麻醉剂有不同的药理作用和副作用，应根据实验要求与动物种类而加以选择，使用合适的麻醉深度控制是顺利完成实验并获得正确实验结果的保证。如果麻醉过深，动物处于深度抑制，甚至濒死状态，动物各种正常反应受至抑制，那是不能获得可靠的实验结果的。麻醉过浅，在动物身上进行手术或实验，将会引起强烈的疼痛刺激，使动物全身，特别是呼吸、循环功能发生改变，消化功能也会发生改变，如疼痛刺激会反射性地长时间中止胰腺的分泌。所以麻醉深度必须合适。由此也不难理解在整个实验中保持麻醉深度始终一致是如此必要了。因为麻醉深度的变动，会使实验结果产生前后不一致的情况，给实验结果带来了难以分析的误差。

五、手术技巧

动物实验中除了要注意选择合适的实验动物，用的试剂要纯粹，仪器要灵敏，方法要准确外，还必须注意手术技巧，即操作技术要熟练。手术熟练可以减少对动物的刺激，动物受的创伤、出血等就少，将会提高实验成功率和实验结果的正确性。要达到动物手术操作熟练，必须要了解各种动物的特征，组织、器官的位置，神经、血管的走行特点，通过在动物身上反复实践，即可达到熟中生巧、操作自如。

六、实验药物

动物实验中常常需要给动物体内注入各种药物以观察其作用和变

化。因此给药的途径、制剂和剂量是影响实验的很重要的问题。如有的激素在肝脏内被破坏，经口给药就会影响其效果。有些中药用粗制剂静脉注射，因其成分复杂，如含有钾离子，可以有降血压作用，若把这种非特异性降压作用解释为特殊性疗效就不恰当。这类实验结果如果用口服或由十二指肠给药就可鉴别出来。也有些中药成分在消化道遭到破坏或不被吸收。如枳实中的升压成分，对羟福林和 N-甲基酪胺只是在静脉注射时才有疗效。有些中药含有大量鞣质，体外试验有抗菌作用，但在体内不被消化道吸收，则没有抗菌作用。给药的次数对一些药物也有影响，如雌三醇与细胞核内物质结合的时间短，所以，每天一次给药的效果就比较弱，如将一天剂量分为 8 次给药，则效果将大大加强。药物的浓度和剂量也是一个重要问题，太高的浓度、太大的剂量都会得出错误的结果。如有用 1/2 LD_{50} 腹腔注射某药物后动物活动减少，认为该药有镇静作用，实际上 1/2 LD_{50} 的剂量已近中毒量，这时动物活动减少，不能认为是镇静的作用。在动物实验中常遇到的问题是动物和人的剂量换算。若按体重把人的用量换算给动物，则剂量太小，做实验常得出无效的结论，或按动物体重换算给人则剂量太大。动物和人用药剂量的换算以体表面积计算比以体重换算好一些，但仍需慎重处理。

第八章　机构 IACUC 的职责与动物实验方案的伦理审查

实验动物管理与使用委员会（Institutional Animal Care and Use Committee，IACUC）的构想源自于人体试验审查委员会（Institutional Review Board，IRB）的架构，如今由 IACUC 负责审查动物应用相关活动以确保动物福利，已经成为学术界的共识。IACUC 成立的宗旨是为保证各机构在进行各项动物实验时均以人道的方式管理和使用实验动物，并符合法律法规的要求，同时让整个管理运作机制保持高度灵活性以便满足机构本身的特殊需要。

美国 USDA 依据 1985 年颁布的《动物福利法》（Animal Welfare Act，AWA）修正条文的规定，注册研究机构必须成立 IACUC，其成员不得少于 3 人且必须有一位兽医和一位机构外人员。IACUC 为研究机构专设部门，其功能在于保证动物设施运作必须符合《动物福利法》的规定。机构外人员代表民众对动物福利的关注。

美国是最早倡导成立 IACUC 的国家，随后加拿大、欧洲国家等也相继出台了有关 IACUC 的一些要求和做法，不同国家对 IACUC 的组成要求有所差异，名称也不尽相同，但其行使的职责基本是一致的。本章主要对美国的情况加以介绍，我国各单位建立 IACUC 可参照美国方式进行。

第一节　IACUC 的组成

IACUC 最早来源于美国，美国不同机构的 IACUC 的组成也略有差异，但基本原则是一致的，本节也主要介绍美国 IACUC 组成的要求，PHS 与 USPA 的比较如表 8-1 所示。

表 8-1 IACUC 委员资格比较表

PHS 政策 PHS 政策 IV. A. 3. , a. , b.	USPA 规定 9 CFR, 2. 31(a)(b)
由机构最高领导者委任或指派至少 5 位委员	由机构最高领导者委任或指派至少 3 位委员
1 位兽医:具有实验动物科学及医学训练及经验者	至少 1 位兽医:具有实验动物科学及医学训练及经验者
1 位实际从事实验动物科学应用的研究人员	
1 位委员:主要关注非科学领域,如伦理学家、律师等	
1 位委员:与机构不存在任何关联,并与机构无亲属关系	1 位委员:与机构不存在任何关联,并与机构无亲属关系。民间人士代表,足以表达社会大众对正确使用实验动物的看法,且为非实验动物使用者
PHS 要求各机构按要求,委员中必须至少有一位民间人士代表,足以表达社会大众对正确使用实验动物的看法,且为非实验动物使用者	
	机构每一部门推派委员数不得超过 3 名

IACUC 的职权为法律所赋予,法律依据为 1985 年颁布的 Health Research Extension Act (HREA)及 AWA 。依法由各机构最高领导者(CEO)任命 IACUC 委员。IACUC 直接对机构负责人(Institutional Official, IO)负责,最高领导者和机构负责人可由同一人担任,多数机构最高领导人都避免直接参与 IACUC 运作,有时候机构负责人会被任命为 IACUC 委员,但一般不建议采用,因为 IACUC 直接对机构负责人负责,如果机构负责人被任命为 IACUC 委员,在行使其职责时可能会产生利益冲突。

美国法规只对部分委员的资格进行了规定,如必须有 1 位兽医、1 位机构外人员和 1 位主席(或主任委员)。美国现行规范中不禁止兼职,但实验动物福利办公室(OLAW)反对兼职,因为 IACUC 每一位委员原有其特定的职责,而且必须具备相应的技能以完成其职责,如果兼职则可能失去制衡作用,更重要的是在审查过程中可能产生利益冲突,不利于问题的裁决。

兽医：PHS(Public Health Service《公共卫生服务政策》)及AWRs(美国农业部牧场福利法《联邦牧场福利法规》)规定IACUC应有1位兽医，执行相应业务。最高管理者可以委任多位兽医参与IACUC，但一定要指定一位责任兽医。担任此职务的兽医必须经过实验动物科学及医学相关学科的训练并具备丰富的经验，或对机构使用的动物种类具有相关的管理经验。

主席(主任委员)：博学而积极的领导者，对IACUC的高效运转是至关重要的。主席必须获得机构负责人的权力支持。由具有声望的人担任此职务，则不会因执行政策而影响到个人事业发展。

机构外委员：此委员表达公众的兴趣和关注，提出外行人的见解，对委员会监督检查机制的客观性和广泛性大有益处。

在多数情况下，实际参与的委员属义务性质，但在某些情况下，支付一些报酬以弥补时间和精力的损失应予支持。

研究人员与非从事科学研究人员：PHS政策规定IACUC成员中要包含一位实际运用实验动物进行科学实验的人员和一位非从事科学研究的委员。后者可为伦理学家、律师、牧师及图书管理员等。

在委任学者专家担任IACUC委员时，应优先考虑专业背景与本单位研究相关者。在任命委员时除了法规规定的委员外，也可考虑为了顺利开展监督审查工作，多任命一些委员参与工作，例如统计学家、职业健康专家、信息管理员、技术员、科学家等。

目前并无规定要求那些IACUC委员一定要参加所有的会议。但机构一定要妥善地规划并设置一个健全的IACUC委员会，以便行使官方所交付的职责。实践过程中，设定任命人数超过法定人数时，可以避免委员不能出席会议而产生的问题，解决法定人数不足不能做出决定的尴尬。

代理委员：在IACUC中亦可有代理委员存在，此委员必须是经由最高领导者指派。代理委员与正式委员应为一对一的关系，在出席会议时代理委员与正式委员不能同时计入法定人数，代理委员必须接受与正式委员同样的训练和培训。

第二节 IACUC的职责

前文提到,IACUC负责审查动物应用相关活动以确保动物福利,那么IACUC的具体职责有哪些?美国的相关政策给出了答案,如表8-2所示。

表8-2 美国联邦政府要求的IACUC职责

PHS PHS政策.IV.B.1—8	USPA 9CFR.2.31(c)(1)-(8)及2.31(d)(5)(6)&(7)
1.至少每6个月进行机构动物管理与使用计划审查,以指南的规定作为审查标准	1.至少每6个月進行机构动物管理与使用计划审查,审查标准依据第一章第九款A动物福利规定
2.至少每6个月进行机构所有动物设施(包含附属设施)监督检查,并以指南的规定作为审查标准。另外,如附属动物存放设施(指主要设施以外之设施,或指定之区域,其目的是用以暂存动物超过24小时以上)或手术操作区域,一定要涵盖在监督检查范围内	2.至少每6个月进行机构所有动物设施监督检查,包含动物实验区域,审查标准依照第一章第九款A动物福利规定。任何用以存放动物超过12小时的区域均定义为“动物实验区域”
3.编写IACUC评估报告并送交IO。报告内容应将符合PHS及指南规定事项之性质加以说明,若有违反之处,则必须特别标明,并说明偏差原因。IACUC可以决定要采用何种方式评估机构的试验计划及设施状况。IACUC亦可邀请特别委员作为顾问协助监督检查工作,但IACUC还是要对涉查结果和审查报告负责。报告中应将主要缺陷及次要缺陷加以区别,并提出针对性的建议和时间表,以便进行改善。所谓主要缺陷指任何足以或可能影响动物安全和健康的情况	3.将其评估结果写成报告提交IO(以第一章第九款A动物福利规定为标准)。IACUC可以决定要采用何种方式评估机构的试验计划及设施状况,但不得运用方式的选择来排除委员参与监督审查的权力。报告中应将主要缺陷及次要缺陷加以区别,并提出针对性的建议和时间表,以便进行改善。所谓主要缺陷指任何足以或可能影响动物安全和健康的情况。若任何主要缺陷未能在预定时间完成改善时,IACUC则应在15个工作日内经由IO向APHIS或其他资助之联邦机构报告。APHIS及其他资助之联邦机构有权检视(并取得)相关报告
4.审查任何涉及机构内动物使用与管理的事项	4.被授权时,针对机构动物管理及使用事务,若有民众提出抱怨或由研究机关内部员工检举违规事件时,则应进行调查
5.针对动物实验计划、设施及人员培训等相关内容,向IO提出建议	5.针对动物实验计划、设施及人员培训等相关内容,向IO提出建议

续　表

6. 针对 PHS 执行或资助之动物管理及使用活动内容，进行审查及核定程序。对不妥事项要求做修正或予以否决。每 3 年应实施一次完整的审查工作	6. 针对涉及到动物管理及使用之提案业务活动，进行审查及核定程序。对不妥事项要求做修正或予以否决。要求进行持续性审查评估，且频度不得低于 1 年
7. 对于执行中的动物使用计划，若其内容有重大修订，则对修订部分进行审查及核定程序，或要求做修正，或否决其内容	7. 对于执行中的动物使用计划，若其内容有重大修订，则对修订部分进行审查及核定程序，或要求做修正，或否决其内容
8. 若任何动物操作活动涉及到 PHS 政策中 IV. C. 6 之特别事项时，则 IACUC 有权要求停止该项操作（即任何操作事项并未依照 AWA、指南、机构规定或 PHS 政策要求而去执行）。这项决定的执行必须先在会议上讨论，并经多数委员投票同意后才能实施。IO 必须与 IACUC 相互讨论，并对停权原因加以审查，采取适当改正措施，并将处理情形向 OLAW 报告	8. 若执行之计划内容与先前由研究人员所提出并经 IACUC 核准之计划内容有所偏差，则 IACUC 有权力去中止此动物计划。这项决定之执行必须先在召集的会议上进行讨论，并经多数委员投票同意后才能实施。IO 必须与 IACUC 相互讨论，并对停权原因加以审查，采取适当改正措施后，将处理情形向 APHIS 及任何资助之联邦机构报告

就其职责而言，IACUC 是机构负责人的咨询顾问，IACUC 将通过半年检查，以监督者身份向机构负责人提交动物使用与管理的检查报告。IACUC 应具有独立审查及核定动物应用计划的权力，机构负责人不应干预或更改 IACUC 做出的决定。因此，动物使用计划提交给其他机构的 IACUC 进行审查也是合理和可行的。

对我国来讲，许多单位不见得都成立 IACUC，许多单位成立了实验动物管理委员会和福利伦理审查委员会，这些委员会分别承担表 8-2 列示的一些职能。当然，就动物实验方案的福利伦理审查工作而言，将实验方案委托其他机构的 IACUC 审查也是可以的，但似乎又不太符合中国人的做事习惯。

第三节　IACUC 应制定的政策

IACUC 作为审查动物应用相关活动以确保动物福利的组织，必须在机构最高领导者的支持下制订相应政策保证其正常运转和行使职能。

一、章程

章程是 IACUC 的总纲领，其内容包括以下几方面的内容：

（1）总则：规定 IACUC 设立的依据、性质、责任、义务及制定章程的目的。

（2）组织：规定 IACUC 的组成，包括委员数量、主席、副主席、秘书（日常管理人员）及其任期等。

（3）职责：规定 IACUC 的职责、委员职责、主席职责、副主席职责、秘书（日常管理人员）职责等。

（4）附则：规定前几章没有规定的相关事宜，如启动日期、附加功能等。

二、会议制度

会议制度对 IACUC 的正常运转至关重要，一般在会议制度中应规定定期会议和临时会议两种形式。定期会议一般每半年召开一次，主要议题为半年检查布置或总结以及动物实验方案的审查。临时会议可以根据主席的提议或工作要求随时召开，其主要议题为动物实验方案的审查或其他临时事项。

三、动物实验方案福利伦理审查办法

动物实验方案福利伦理审查办法是开展动物实验方案审查的重要依据，不同单位应根据自身的实际情况做出规定。其主要内容应包括：制定本办法的目的、原则，福利伦理审查的范围（哪些试验方案需要进行审查？）、主体（比如 IACUC，不同单位可能名称不一样），动物实验方案的审查要求（比如申请—审查—批准），动物实验申请书的要求或格式（作为附件），审查的基本原则，审查程序（包括会议审查、指派委员审查、主席审查等的具体程序，会议审查还包括表决程序），不能通过审查的具体规定，异议处理规定，审查文件的保存规定等。

四、兽医规定

各单位兽医规定可能差异较大，根据自身的需要制定兽医规定，主要包括：疼痛分类标准（一般参考 AVMA 的规定），动物保定、镇痛、麻醉、安乐死技术（以上技术有若干种方法，可根据需要规定本单位使用哪一些），动物尸体处理，手术要求、环境丰富化，等等。兽医规定是 IACUC 开展动物实验方案审查评估是否符合要求的重要依据。

五、其他规定

各机构可根据需要和赋予 IACUC 的职能制定相应的政策，比如，实验动物管理与使用半年检查办法，外来抱怨处理办法，等等。

第四节　实验动物伦理审查的目的

生命科学将实验动物和以实验动物为对象的动物实验作为不可或缺的支撑条件和科学研究手段。据统计，在生物医学科学研究中，约有60%的课题涉及动物实验。巴普洛夫曾指出："没有对活动物进行的实验和观察，人们就无法认识有机界的各种规律，这是无可争辩的。"

以实验动物为工具的生命科学研究对人类的健康、发展和进步做出了巨大贡献。随着人类社会经济和文化的发展，人们追求更高的生存质量和生活品质，对动物福利关注度逐渐提升，善待动物和保护动物已成为人类的责任，使用实验动物进行科学实验带来的动物伦理问题变得越来越突出。欧美一些发达国家非常重视实验动物的福利和保护，制订了一系列相关的政策、法规和措施，据初步统计，世界上已有 163 个国家颁布了 263 部有关动物福利和动物保护方面的法令和法规。在发达国家，对科研行为进行伦理学的审查和评估已经成为一项制度，未经伦理学审查的科研项目不准立项，不能发表论文；未经伦理学审查的新技术不能使用和交易；未经伦理学审查的人体实验不能开展；未经伦理学审查的新药不能上市。

我国实验动物科学发展起步较晚，社会、经济、伦理、科学发展水平及人们对实验动物重要性的认识程度相对较低，在实验动物生产、管理及使用过程中，普遍存在重视动物实验结果而忽视实验动物福利甚至经常出现粗暴对待或虐待实验动物的现象。动物福利已作为一种高技术贸易壁垒限制我国产品的出口，2009 年起，欧盟范围内禁止使用动物进行化妆品毒性和过敏实验，也不允许成员国从国外进口和销售违反上述禁令的化妆品。近年来，国外众多的生物医学期刊都对动物研究提出了伦理学方面的内容与要求，未经伦理学审查的论文不得发表，这些迫使我国加快建设实验动物伦理审查的步伐。近年来我国现有实验动物的法规制度对动物保护和动物福利也进行了规范，国家《实验动物管理条例》修订版加入了动物福利的内容。2005 年通过的《湖北省实验动物管理条例》明确规定了生物安全与动物福利，提出了“从事实验动物工作的单位和个人，应当关爱实验动物，维护动物福利，不得戏弄、虐待实验动物。在符合科学原则的前提下，尽量减少动物使用量，减轻被处置动物的痛苦。鼓励开展动物实验替代方法的研究与应用”。国家科技部 2006 年发布了《关于善待实验动物的指导性意见》，该法规明确“善待实验动物，是指在饲养管理和使用实验动物过程中，要采取有效措施，使实验动物免遭不必要的伤害、饥渴、不适、惊恐、折磨、疾病和疼痛，保证动物能够实现自然行为，受到良好的管理与照料，为其提供清洁、舒适的生活环境，提供充足的、保证健康的食物、饮水，避免或减轻疼痛和痛苦等”的规定，规范了动物的最低饲养空间，要求为非人灵长类和犬猫等动物设立运动场所。饲养人员不得戏弄或虐待实验动物，避免引起动物的不安、惊恐、疼痛和损伤。对实验动物的保定、限饲、手术过程中镇痛、术后护理和安乐死等做了明确的规范。灵长类实验动物的使用仅限于非用灵长类动物不可的实验，并规定实验动物生产使用单位应设立实验动物伦理委员会等。北京市自 2006 年 1 月 1 日起实施《北京市实验动物福利伦理审查指南》，规定从事实验动物教学、科学研究、生产、经营、运输和应用的单位必须成立实验动物伦理委员会。

随着实验动物福利和伦理概念的不断渗透，全国有关实验动物生产使用的单位相继采取了具体措施，成立了实验动物伦理委员会。其主要职责是负责本单位有关实验动物的福利伦理审查和监督管理工作，审查和监督本单位开展的有关实验动物的研究、繁育、饲养、生产、经营、运输，以及各类动物实验的设计、实施过程是否符合动物福利和伦理原则。伦理委员会应依据实验动物福利伦理审查的基本原则，兼顾动物福利和动物实验者利益，在综合评估动物所受的伤害和使用动物的必要性基础上进行科学评审。

作为科学研究人员，一方面关爱实验动物，重视实验动物福利，是道德文化素养提高的表现，也是对工作的敬业精神和责任感的体现；另一方面，实验动物福利对科学研究结果准确性具有重要影响，饲养在不同动物福利下的两组实验动物，饥饱不一，日粮营养不同，饲养环境舒适度不同，接受相同剂量的同一种药物后，所产生的生理生化、免疫学和内分泌指标差异很大，从而影响实验结果的准确性。因此建立伦理审查机制，关爱实验动物，维护实验动物福利是人类健康、科技进步和社会发展的需要。

第五节　伦理审查的申请和受理

研究项目负责人或主要研究者在项目开展前，向伦理审查机构（IACUC 或伦理委员会，各机构略有不同）书面提交伦理审查申请材料（表）。

伦理审查申请表通常包括以下几方面内容：

(1)实验动物或动物实验项目名称及项目实施时间；

(2)参加实验项目的单位或研究机构，项目负责人和项目执行人简历和从事动物实验的经验，饲养管理人员的工作经验，所有参加动物实验和饲养管理人员的从业人员上岗证号；

(3)项目的研究目的和对人类及动物的潜在的益处；

(4)选择该品种、品系动物的合理性，是否有不需要使用实验动物的替代研究方法，是否有使用该品种品系动物进行实验获得成功的研究经验；

(5)选择实验动物性别和数量的合理性，采用何种计算方法得出实验所需要的动物数量，是否符合统计学标准；

(6)动物是否来自合格的生产单位，动物长途运输保护措施、动物饲养管理和实验环境条件是否合格；

(7)预期出现的对动物的伤害，适当的镇静、镇痛和麻醉措施，实验过程中撤换动物或因剧痛或精神紧张而采取安乐死术等的判断标准和处理方式；

(8)动物手术后的护理方法和饲养环境；

(9)对动物施行的处死方法；

(10)动物尸体处理方法；

(11)实验项目是否需要重复，如果需要重复，阐述重复理由；

(12)工作人员健康状况，工作环境的安全和保护措施。

审查机构办公室工作人员(秘书)受理审查申请，为保证送审的文件能够符合审查的要求，提高审查质量和效率，在收到申请人提交的资料后，一般应一次性告知申请人需要补正的内容、召开伦理审查会议的预期时间和审查决议的预期签发时间。

第六节　伦理审查的类别和程序

一、伦理审查的类别

审查方式主要根据所审查的试验研究项目对实验动物可能造成的伤害程度，所涉及的科学问题和伦理问题的复杂性，批准的可能性，以及提高伦理审查的效率等多方面的考虑分成常规审查项目、紧急审查项目和全面审查项目。不管是常规审查项目、紧急审查项目和全面审查项目都需要提交完整的申请材料，审查机构秘书根据上述各方面的考虑对所提交的研究项目进行初审，伦理委员会主任或授权副主任根据申请项目的类型决定审查方式。

(一)常规审查项目

指已建立或广为接受的动物实验教学活动，包括一般教学实践的研究项目，或者已审查过的类似项目。由3位伦理委员会委员初审并同意进入免除审查方式决定后，就可进入免除审查程序，同意并批准实验项目进行。免除审查的项目应该在审查会议上由初审人汇报，如没有异议，则大会同意并继续执行原审查批准决定；如与会委员对实验项目的批准提出异议，则提出异议者申诉理由，并经大会讨论后再做决定。这种情况下的决定结果有同意并继续执行初审批准决定；同意但需做必要修改；收回原批准决定，重新接受审查；不批准。

（二）紧急（时间紧）审查项目

经审查机构主任或授权副主任指定 3 名及以上委员（包括科学家委员、兽医或实验动物专业人员、非科学家委员）进行初审并同意后，审查项目进入紧急审查。在审查会议的紧急审查，由初审人汇报试验项目和推荐加速审查原因，一般在与会委员无异议的情况下，可不再讨论而直接由全体委员表决决定；如与会委员对实验项目的批准提出异议，则提出异议者申诉理由，并经大会讨论后再做决定。决定结果有批准、修改后批准、改为全面审查、不批准。

（三）全面审查项目

全面审查就是通常所说的一般审查，除符合免除审查和紧急审查条件之外的任何审查项目包括新开项目和有争议项目的再审查都应该进行全面审查，必须召开审查会议，经委员充分讨论和论证研究者资质（如研究者经验是否符合要求；可投入试验的时间、精力以及人员、设备条件是否符合要求；试验设计前是否充分掌握研究资料，了解试验过程的科学性等）、试验方案（如试验方案设计是否适当，研究目的的确立和动物的选择是否明确、合理等），由没有利益冲突的全体委员表决决定。决定结果有批准、修改后批准、修改后复审（按要求修改后，提交下次审查会议再审）、不批准。

已通过审查的实验项目，如果实验方案出现重大变动，项目负责人必须重新提出审查申请，按以上程序进行审查。

二、审查机构的工作程序

（一）初步审查

审查机构收到实验项目的审查申请后，在 7 个工作日内，由委员会主任或授权副主任指派 3 名委员根据审查要点对申请项目进行初步审查，确定是否接受申请项目的审查要求，确定是否需要对申请材料进行必要的补充、修改或提供额外的补充材料，以及确定申请项目的审查方式，并按照所确定的审查方式对审查项目进行相应的处理。初审结束后，由初审人写出初审意见并签署姓名和日期。初步审查结果有：

(1)拒绝受理“审查申请”；

(2)受理“审查申请”，但需要对申请材料进行必要补充、修改或提供额外的补充材料；

(3)受理“审查申请”并初审通过，确定审查方式并按相应方式要求进行相应处理。如图 8-1 所示。

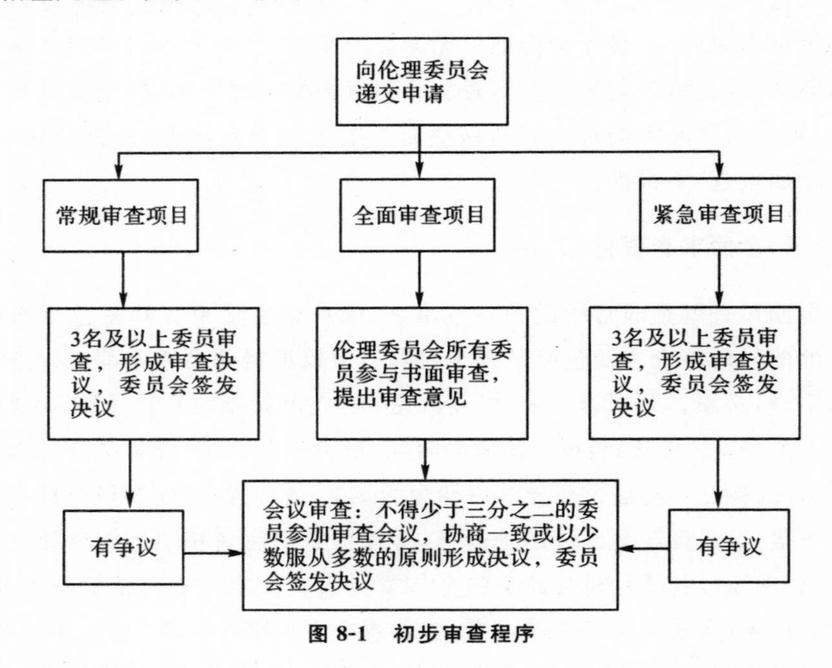

图 8-1　初步审查程序

初审结束后，由办公室负责整理申请项目的初审结果，并及时以书面形式反馈给申请者。

(1)对于初审为“拒绝受理审查申请”的项目，应向申请者说明理由并列出初审委员意见。

(2)对已受理“审查申请”的项目，寄发“项目审查受理函”，主要内容包括审查机构同意受理审查本研究项目；申请材料是否需要进行必要的补充、修改或提供额外的补充材料；根据项目的性质和特点，计划采取何种方式进行审查，此种审查方式的程序与步骤，需要申请者所做的工作及时间期限；是否需要申请者在审查会议上陈述讲解试验项目并回答提出的问题，如需要，则应该告知申请者的开会具体时间、地点等内容。

(二)伦理审查会议

1. 会议周期

伦理委员会审查会议的周期可以按照委员会受理审查工作量而定。

2. 会议的通知与准备

根据初审及审查项目数量等情况，伦理委员会主任委员或副主任委员确定会议召开的时间地点、会议议程、会议主持人及秘书、外单位专家的聘请(必要时)等相关事宜，并于会议举行前 5～10 天，指派办公室工作人员负责通知委员会委员、外聘专家(必要时)、全面审查项目的负责人和申请人(必要时)参加会议及会议召开的具体时间和地点；通知会议议程，并将申请项目的有关资料复印件一并送达给每位伦理委员会与会人员，使其有充足的时间对审查项目进行必要的预审。

3. 审查会议的召开

会议主席由主任委员或其指定人员担任。参会的伦理委员会成员必须超过全体成员的 2/3，否则视为无效。必须有非实验动物或兽医专业委员和外单位委员出席，如果非实验动物或兽医专业委员或外单位委员全部未出席，也不得进行会议。必要时，邀请常任或临时顾问参加会议帮助分析审查研究项目。必要时可允许有关研究项目申请人、主持人、参与者列席会议，说明有关情况和回答有关问题。符合上述条件，伦理委员会委员亲笔签到后，会议主席宣布会议开始，会议按预定会议议程进行。

4. 项目审查阶段

(1)审查要点。伦理委员会的主要任务在于评审研究方案和设计依据，研究方案的适当性和可行性。审查中应考虑法律和法规的要求。审查应重点考虑以下几点：实验目的及实验方案设计的合理性，使用实验动物是否必要，选择实验动物和方案的依据，提前终止实验的标准，暂停或终止整个实验的标准，是否有合适的试验场地，可用的设施和应急措施。

(2)决定方式。除常规项目免除审查外，其他项目都应通过详实地讨论和论证，协商一致后做出决定，有争议时要以无记名投票通过简单多数方式对相应审查方式的审查项目做出决定。未参与审查和未直接参与讨论的伦理委员会委员不得参与表决。与实验项目利益关系的委员主动回避，不得参与表决。因审查工作需要邀请的外单位专家不参与表决。决定结果形成书面意见，由主席签发，并附上出席会议的委员名单及其专业情况和本人签名。

全面审查的决定结果有批准：修改后批准(按委员会要求修改后，送交原审委员及主任委员确认无误后，即批准)、修改后复审(按要求修改后，提交下次审查会议再审，一般进入加速审查方式)、不批准。

5. 会议记录

会议内容应当记录，以备查阅和存档。秘书或办公室工作人员负责会议记录，完成的会议记录应提交伦理委员会主任委员审核并签字。

会议记录主要内容包括：

(1)基本情况：时间、地点、应到人数、实到人数、出席人员、人员签名、列席人员、未到人员、会议主席、记录员。

(2)审查事项记录：确认本次委员会会议审查批准项目的执行情况，申请审查项目的伦理审查讨论过程、决议过程与结果，讨论事项，其他事项。

第七节 伦理审查基本原则

动物伦理作为生命伦理的重要组成部分，不仅是保护动物，善待动物，尊重动物，让动物享受该有的权利，生命伦理学的热点问题如克隆、干细胞研究、人类基因组计划、转基因食物和药物以及辅助生殖等，也同样是动物伦理学的敏感问题。动物伦理审查不仅仅是动物福利审查，也关系到科研成果对人类社会意义的审查，科研人员自身安全的福利审查。所以在动物实验中既要考虑动物的利益，善待动物，又要保证从业人员的安全,还要保证实验动物项目的科学性和伦理性。

为了维护实验动物福利和动物实验者利益,综合评估动物伦理必须遵循以下原则。

一、动物保护原则

各类实验动物的饲养和使用或处置必须有充分的理由;对实验目的、方法与造成动物的痛苦、死亡进行综合评估,禁止无意义地滥养、滥用、滥杀实验动物;制止没有科学意义和社会价值或不必要的动物实验;优化动物实验方案以保护实验动物,减轻动物,特别是濒危动物物种的痛苦;提高实验动物质量,使用合适的合格的实验动物,减少不必要的动物使用数量,杜绝不必要的重复实验;在不影响实验结果科学性的情况下,用可替代的实验方法代替实验动物进行科学实验,用分子生物学、人工合成材料、计算机模拟等非动物实验方法替代动物实验采取动物替代方法,用组织细胞替代整体动物,使用低等级动物替代高等级动物,用非脊椎动物替代脊椎动物。

二、动物福利原则

国际动物福利的“五项基本福利”是实施动物福利的基本原则,五项基本福利要求:所有人工饲养和实验的动物有免受饥饿的自由,为动物提供适当的清洁饮水和保持健康及精力所需要的食物,使动物不受饥渴之苦;动物有免受痛苦、伤害和疾病的自由,为动物提供适当的房舍或栖息场所,使动物能够舒适地休息和睡眠,不受困顿不适之苦;动物有免受恐惧和不安的自由,为动物做好防疫、预防疾病工作,及时给患病动物诊治,使动物不受疼痛、伤病之苦;动物有免受身体热度不适的自由,保证动物拥有良好的条件和处置(包括处死过程),使动物不受恐惧和精神上的痛苦;动物具有表达所有自然行为的自由,为动物提供足够的空间、适当的设施,使其与同类动物伙伴在一起,使动物能够自由表达正常的习性。各类实验动物管理和实验要符合该类实验动物的操作技术规程,对实验后的实验动物尤其是大型动物采取合适的方法进行护理、防疫、保温、止痛或医疗。

三、伦理原则

改善动物饲养室和实验室条件，减少对动物的干扰，尽量实行远程控制，实验现场避免无关人员进入。合理安全有效的实施实验动物的抓取、保定、运输；合理使用必要的麻醉剂、镇痛剂或镇定剂。猫狗或非人灵长类动物高等动物，必要时要对动物进行训练调教，防止或减少动物的应激、痛苦和伤害。尊重动物生命，采取痛苦最少的方法处置动物，从安乐死的要求处死动物，不得在其它动物面前处死动物并对其进行解剖取材。实验动物项目要保证从业人员的安全。动物实验方法和目的符合人类的道德伦理标准和国际惯例。

四、综合性科学评估原则

(一)公正性

伦理委员会的审查工作应该保持科学、独立、客观、公正和透明，不受政治、商业和自身利益的影响。

(二)必要性

只有在为改善人和动物生存质量，或为科技进步而没有其他相等或更好的选择的前提下，才开展实验动物的实验项目。

(三)现实性和可行性

在遵循国际规范的基础上，吸取国外的管理经验，充分考虑到我国的具体国情和实验动物福利实施方案的现实性和可行性，制定适合我国国情的实验动物福利实施方案。

(四)利益均衡

以当代社会公认的道德伦理价值观，兼顾动物和人类利益；在全面、客观地评估动物所受的伤害和应用者由此可能获取的利益基础上，负责任地出具伦理审查报告。

第八节　伦理审查的决定

一、动物伦理基本要求

动物的笼器具应满足以下条件：动物正常的生理和行为活动不受限制，包括排泄、维持体温、正常动作和体味的调整；保持动物清洁干爽；动物摄食饮水不受限制，饲饮用具便于采食、添加、更换、保洁和清洗；光滑牢固，动物无法逃逸，肢体不会被空隙刺伤或夹伤；便于观察，尽量少打扰动物。

动物保定是常规的实验手段之一，就是用手工或器械的手段，部分或全部限制动物的正常活动能力，已达到检查、采集样本、使用药物、治疗或实验操作等目的。可用手工或保定装置进行短时的保定，保定装置的规格、形制和操作应当适宜，以尽量减少对动物的伤害。实验过程中不可以将保定装置作为关养措施，保定时间以完成实验所需最少时间为限制，需对猫犬猴等大动物做适应性训练，使之适应器械和工作人员。

根据实验目的，有时需限制实验动物饮食。在限制饮食的实验条件中，至少应供给最低限量的饮食，以维持幼龄动物的发育和成年动物的长期健康。限制饮水的情况下，以免动物发生急性或慢性脱水现象，应采取预防措施，包括定期记录体重和摄水量。

实施和支持涉及有害因子的科研计划的专业人员，应该具备能评定计划中的有害因素与危害性质相应的保护措施的能力和资质。对使用有害因子的动物实验选择防护措施时，应重视有关动物的关养管理、药剂的贮存和发放、剂量的配制、体液和组织的保管、废液和尸体的处置，以及实验人员的保护等方面。

关于止痛和麻醉，对疼痛的感受和反应能力在动物界是普遍存在的。疼痛不能缓解，就会导致动物无法忍受的精神紧张和痛苦。一般认为可对人体产生疼痛地操作也可引起动物的疼痛，试验中选择最适宜的镇痛剂或麻醉剂。例如对啮齿类动物或其他小型动物采用吸入性药物，可以增加其安全性和选择范围。

安乐死术就是指采用可迅速引起意识丧失而死亡的方法从而毫无痛苦或疼痛地扑杀动物的手段。通常化学药物吸入或非吸入法要优于物理方法，然而从科学方面考虑，有些研究方案可能不宜使用化学药物。在有些情况下当动物意识丧失时，动物会发出呻吟或释放激素，因此在实施安乐死术时，其他动物不应在场。

二、动物伦理审查的决定

伦理审查决议的形成主要依据以下要点：实验目的及实验方案设计的合理性，使用实验动物是否必要，选择实验动物和方案的依据，提前终止实验的判定标准，暂停或终止整个实验的标准，是否有合适的试验场地，可用的设施和应急措施。对动物实验过程中出现下列情况之一的，不能通过伦理委员会的审查：

(1)申请者的实验动物相关项目不接受或逃避伦理审查的；

(2)申报审查的材料不全或不真实的；

(3)缺少动物实验项目实施或对动物伤害的客观理由和必要性的；

(4)从事直接接触实验动物的生产、运输、研究和使用的人员未经过专业培训或明显违反实验动物福利伦理原则要求的；

(5)实验动物的生产、运输、实验环境达不到相应等级的实验动物环境设施国家标准的；实验动物的饲料、笼具、垫料或饮水不合格的；

(6)动物实验项目的设计或实施中没有体现善待动物、关注动物生命，没有通过改进和完善实验程序减轻或减少动物的疼痛和痛苦，减少动物不必要的处死和处死的数量的；在处死动物方法上，没有选择更有效的减少或缩短动物痛苦的方法的；

(7)动物实验项目的设计或实施不科学。没有利用已有的数据对实验设计方案和实验指标进行优化的；没有科学选用实验动物种类及品系、造模方式或动物模型以提高实验的成功率的；没有采用可以充分利用动物的组织器官或用较少的动物获得更多的试验数据的方法的；没有体现减少和替代实验动物使用的原则的；

(8)活体解剖动物或手术时不采取麻醉方法的；对实验动物的生和死处理采取违反伦理的极端的手段的；进行会引起社会广泛伦理争议的动物实验的；

(9)非人灵长类动物因参与实验而受到损害,未设计预防或救治措施的;

(10)动物实验的方法和目的不符合我国传统的道德伦理标准或国际惯例,或属于国家明令禁止的各类动物实验的;

(11)动物实验目的、结果与当代社会的期望、与科学的道德伦理相违背的;

(12)进行对人类或任何动物均无实际利益并导致实验动物极端痛苦的各种动物实验的;

(13)对有关实验动物新技术的使用缺少道德伦理控制的;进行违背人类传统生殖伦理,把动物细胞导入人类胚胎或把人类细胞导入动物胚胎中培育杂交动物的各类实验的;进行存在对人类尊严的亵渎、可能引发社会巨大伦理冲突的其它动物实验的。

第九节　审查结果传达

伦理审查决议,由主任委员或授权副主任委员签发后,在指定工作日之内以书面形式传达给申请者。若审查决议是“批准”,则要求申请者按既定研究方案执行;若审查决议是“修改后批准”,伦理委员会将提出修改要求,修改后即可执行研究方案;若审查决议是“修改后复审”,伦理委员会将提出修改要求并告知重新评审的程序;若审查决议是“不批准”,须向申请者明确说明理由。对伦理审查决议有异议时,申请者可以补充新材料或改进后申请复审。

伦理委员会做出审查决定后 7 个工作日内,由办公室以书面形式传达给项目申请者。审查批件均加盖伦理委员会公章,一式两份,申请者一份,伦理委员会存档一份。伦理委员会审查批件主要内容如下。

一、基本信息

(1)做决定的伦理委员会名称,决定的日期和地点,审查编号和批件号。

(2)审查决定所基于的研究方案或其修改稿的准确题目及版本日期。

(3)审查文件名称及版本日期。

(4)申请者名称。

(5)研究机构名称,主要研究者姓名和职称。

(6)伦理委员会主任委员(或其他被授权人)签名,并注明日期。

二、审查方式、审查决定及其明确说明

(1)审查方式:常规审查、紧急审查、全面审查。

(2)审查决定及其明确说明。

①批准:注明起始日期与终止日期。申请者应签署一项责任声明,确认接受伦理委员会提出的相关要求,如提交研究年度进展报告;进行方案修改时要通知伦理委员会;及时报告与研究有关的严重和意外的不良事件;及时报告无法预料的情况,终止研究,或其他伦理委员会的重要决定;随时应伦理委员会的要求,报告正在进行的研究的有关信息;最后的总结或报告等。

②修改后批准或再审:明确说明需要修改的部分和期限。申请者应在规定的时间内按要求修改后,呈送伦理委员会,委员会做相应处理。

③不批准:明确说明做出不批准决定的理由。申请者如欲再提出申请,必须以新计划研究方案的形式重新送审,否则拒绝“审查申请”。

第十节　实验项目的跟踪检查管理

伦理委员会对所有批准的项目具有跟踪审查责任和权力。伦理委员会需对审批通过的研究项目定期追踪随访,直至研究结束或终止。伦理委员会批准同意后,研究者即可开始实施实验研究,由于实验过程中可能会出现偏差或不良事件,因此实验项目在开展动物实验过程中,出现重大问题或在遇到任何未能预料的伤害问题时应随时报告。项目结束时,项目负责人应向伦理委员会提交该项目伦理终结审查申请,接受伦理委员会终结审查。对于连续项目,每 3 年进行一次终结审查。

伦理委员会跟踪审查的职责范围:实验方案的修改须经过伦理委员会的再审查;实验过程中出现偏差或不良事件,伦理委员会拥有暂停或终

止实验的权力，在研究者做出适当整改后，实验可以恢复，否则将被终止；伦理委员会应根据审查时的情况及时制定后续跟踪检查计划。对已批准的实验至少应跟踪检查一次，超过 1 年的应每年跟踪检查一次，伦理委员会跟踪审查的形式有：

(1)根据研究方案的性质和可能发生的不良事件，在批准研究时确定跟踪审查计划；

(2)现场跟踪审查，到达试验研究现场，检查研究是否遵循试验方案、相关规范和伦理委员会批件的要求；

(3)听取研究项目机构的年度工作总结和研究进展报告；

(4)对被举报的实验应及时进行检查；

(5)对发现已存在问题的实验应加大检查的频率和检查的范围；

(6)收到申请人实验完全结束的通知和伦理终结报告后，应对实验过程和结果做出评估、写出跟踪检查总结报告后方可终结跟踪检查。

第九章　科研选题

实验动物科研课题是指围绕实验动物而开展的科学研究，是解决实验动物领域中某一科学技术问题的一个最基本的研究单元，包括科学意义、具体目标、设计与实施方案等。

科研选题是依据选题原则和程序来进行的，即提出问题、确定目标、制定方案、形成假设的过程。确定研究方向、选择课题是科学研究中的首要问题，是每一项科研工作的起点，并贯穿于科研工作的始终。

一、实验动物科研课题的类型

(一)实验动物品种品系的开发研究

(1)近交系、突变系、封闭群实验动物的培育研究。

(2)家畜、家禽及野生动物的实验动物化研究。

(3)水生动物的实验动物化研究。

(二)人类疾病动物模型研究

(1)疾病动物模型制作方法研究。

(2)疾病模型评价体系研究。

(3)疾病动物模型应用研究。

(三)实验动物质量控制体系研究

(1)实验动物微生物检测方法和检测试剂研究。

(2)实验动物寄生虫检测方法和检测试剂研究。

(3)实验动物遗传检测方法和检测试剂研究。

(4)实验动物环境检测方法和检测试剂及检测仪器设备研究。

(5)实验动物饮水除(灭)菌方法和设备及检测方法研究。
(6)实验动物营养需要及饲料配方研究。
(7)实验动物饲料加工、灭菌、包装、储存和运输研究。
(8)实验动物微生物净化技术研究。
(9)实验动物环境控制技术及设施设备研究。
(10)实验动物疾病诊断技术与治疗方法研究。

(四)动物实验技术与方法研究

(1)麻醉剂与麻醉方法研究。
(2)试品给予途径与方法研究。
(3)外科手术技术与方法研究。
(4)标本的采集技术与方法研究。
(5)样品的预处理和检测技术及方法研究。
(6)动物实验后护理技术与方法研究。
(7)动物安乐死术和方法研究。
(8)动物实验中应用的器械、物品和仪器设备研究。

(五)实验动物胚胎工程技术研究

(1)人工授精技术研究。
(2)人工诱导发情技术研究。
(3)超数排卵及配子采集技术研究。
(4)配子低温与冷冻保存技术研究。
(5)胚胎冷冻保存技术研究。
(6)体外授精技术研究。
(7)胚胎移植技术研究。
(8)胚胎分割技术研究。
(9)配子发育、受精、胚胎发育等机制研究。

(六)遗传工程动物研究

(1)转基因动物制作技术与方法研究。
(2)基因剔除动物制作技术与方法研究。

(3)核移植(克隆)动物制作技术与方法研究。
(4)基因沉默(RNAi)技术研究。
(5)遗传工程动物的检测技术研究。
(6)遗传工程动物的评价与应用研究。

(七)实验动物生物学特性研究

(1)实验动物解剖学研究。
(2)实验动物生理学研究。
(3)实验动物生物化学研究。
(4)实验动物行为学特征研究。
(5)实验动物繁殖特性研究。
(6)实验动物遗传特性研究。
(7)实验动物比较医学研究。

(八)实验动物标准化研究

(1)实验动物微生物质量标准化研究。
(2)实验动物寄生虫质量标准化研究。
(3)实验动物遗传质量标准化研究。
(4)实验动物环境标准化研究。
(5)实验动物饲料营养标准化研究。

(九)实验动物基础研究

(1)实验动物基因结构与功能研究。
(2)反向遗传学(Reversed Genetics)研究。
(3)重要生物学特性的遗传基础研究。
(4)表观遗传学研究。
(5)发育生物学研究。
(6)细胞生物学研究。

(十)实验动物 3R 原则与动物福利及管理研究

(1)实验动物替代方法研究。

(2)实验动物福利研究。

(3)实验动物管理研究。

二、科研选题的原则

需求性。科研选题必须瞄准国际前沿,结合国家或地方目标,选择解决国家经济建设、国防建设与社会发展需求的重大问题。实验动物科研选题则应立足于提高实验动物质量和解决医学研究中对实验动物需求的关键问题。

创新性。科研选题必须突出创新。创新性的研究应是前人没有研究过的或是已有研究工作上的再创造,研究结果应该是前人所不曾获得的成就。它可以是一个学科一个领域的不断纵深发展,也可以是新的学科交叉点的产生和一个新的领域的开拓,表现为新理论、新方法、新技术的建立。

科学性与先进性。选题一般应有一定的理论和实践基础,立论依据应科学、严谨。科学的选题要求是前人没有解决或未完全解决的课题,要能够发挥既有的优势与特色,能在国际科学前沿占有一席之地。课题的选择应该目标明确、立论充分、方案可行、预算合理,并有一定的工作基础。

适时性与发展性。所谓适时性就是课题的研究要符合某一阶段社会发展的需求,解决某一特定的关键问题,从而服务于社会,如清洁级实验动物微生物检测方法的建立研究等。发展性是指该课题的选择要具有前瞻性,在以后的社会发展中能发挥重大作用,如小鼠基因序列分析研究等。

效能性。效能性是指科研投入与预期成果的比较。以尽量少的投入获取最大的社会综合效益是每一位科技人员都应努力做到的。

三、科研课题申请的点滴体会

(一)如何提高中标率

(1)把握住每一次申请机会。

(2)充分理解申请指南。

(3)积极参与课题建议案。

(4)平时注重积累。

(5)在某一领域或方向上具有连续性。

(6)找准课题切入点。

(7)讲一个完整的故事。

(8)创新性或实用性强。

(9)充分查阅文献。

(10)写好申请书。

(二)课题申请中经常出现哪些问题

(1)形式审查不合格(硬伤)。

(2)缺乏创新性。

(3)参考文献陈旧。

(4)细节上错误较多。

(5)标书可读性差。

(6)过分渲染。

(7)过分依赖合作单位。

(8)技术路线设计不合理。

(9)缺乏研究基础。

(10)涉及研究内容太多。

(三)课题申请中的技巧

(1)提前准备。

(2)滚动式申请。

(3)分类申请,一书多投。

(4)留心新技术新方法。

(5)注意在工作和科研中发现问题。

(6)平时注重积累。

(7)多参加本领域的活动,广泛接触同行专家。

(8)写好的标书请专家修改。

(9)总结经验完善标书。

第十章　科研课题申请书的撰写

申请书是表达申请者思想的主要形式。申请者必须通过申请书将自己的工作设想、学术思路及工作能力充分地表达出来，使同行专家和主管部门认可，才有可能得到资助，所以，申请书的撰写质量是课题申报的关键。一位诺贝尔奖获得者说过，他一辈子的科研生涯中，痛苦的事情是写申请书。事实上，撰写申请书的确令许多申请者绞尽脑汁，因为它是申请人在学术上努力的重要表现。一份好的申请书体现了一名科研人员具有的内在价值和学术水平，反映出申请人思考学术问题是否缜密、科学，分析问题是否深入，准备是否充分，是否有申请经验等。

由于各个资助渠道的要求不同，申请书的格式不完全相同，一般应包括以下几方面内容。

一、课题名称的拟定

课题名称是申请课题内容的高度总结，它是作者在对所研究问题的理论、内容及方法，经过全面细致思考、反复酝酿后拟定的。课题名称应简明、具体、新颖、醒目，并能确切反映课题的研究因素、研究对象、研究内容、研究范围及它们之间的联系。课题名称所反映的内容必须与申报内容相符。如“细胞凋亡与糖尿病视网膜病变发病机制”，研究因素是细胞凋亡，研究对象是糖尿病，研究内容是糖尿病视网膜病变发病机制，研究范围是从细胞凋亡的角度（分子水平）来研究，属基础性研究。选择课题名称时应注意以下几点：

(1)简明。一个好的题目应当简单明了，用较少文字反映丰富内涵，不繁赘冗长，一般题目控制在 20～25 个字数之内。在初步确定题目后，要反复推敲，试着删掉多余的词，如“关于”“探索”“分析”等。

(2)具体。明确清晰，不抽象笼统，题目能具体反映出研究的内容、方法、水平、创新点及独特之处。例如“柴胡和柴皂苷促胰腺泡酶分泌的细胞信号传导机制”这个题目就很具体、清楚。应避免题目过大,内容不具体,如“白血病的诊断”。

(3)新颖。新颖即创新性,所研究的新理论、新技术及新方法等创新之处及特点应尽可能在题目上体现出来,读后给人留下深刻印象。

(4)醒目。文字精湛传神,引人入胜,使人读后产生要立刻读下去的欲望。

二、简表的填写

简表是对整个申请书主要内容和特征的概括表达。简表的内容一般将输入计算机,组成科研课题管理的数据库。简表的填写相对比较简单,但非常重要,填写时一定要认真仔细。简表的内容一般包括研究项目的基本特征和申报特征,如项目的中英文名称、研究类型、申报项目类别、申报学科及代码、申请金额、起止年月、所用实验室等;申请者的基本情况如姓名、性别、出生年月、身份证号码、民族、专业技术职务、学位、所在单位的名称及代码、性质、隶属关系、地址等项目组成员的构成及分工;研究内容和意义的摘要等。

(一)研究项目的基本特征和申报特征

(1)项目名称。应确切反映研究内容和范围,最多不超过 25 个汉字(包括标点符号)。英文名称应与中文名称一致。

(2)研究类型。是指研究课题的性质,包括基础研究、应用基础研究、应用研究、发展或开发研究。基础研究:指以认识自然现象、探索自然规律为目的,不直接考虑应用目标的研究活动。应用基础研究:指有广泛应用前景,但以获取新原理、新技术、新立法为主要目的的研究。

(3)申报学科。应填写申请项目所属的最基础学科,即申请指南中所列学科的末级学科。如涉及多学科可填写两个,以学科 1 为主,学科 2 为辅。由于要根据申报学科进行学科分组,并选择同行专家进行评审,因此,在选择学科 1 时必须慎重,一方面,申报学科一定要与申报课题的内容相符;另一方面,一定要了解学科 1 所在学科的资助特点(主要资助内容和主要资助对象),权衡所报课题的学术水平在该学科领域所处位置以及在该学科组可能被重视或感兴趣的程度和被认可的情况，初步了解本课题在该学科组的竞争力及可能遇到的对手情况。

（4）学科代码。目前，各部门规定的学科分类及学科代码尚不统一，填写时要参照该部门要求。如国家自然科学基金的学科代码应查阅每年出版的申请指南。

（5）申请金额。以万元为单位，用阿拉伯数字表示，注意小数点。申请金额必须遵循实事求是的原则，根据具体研究开支而定。

（6）起止年月。一般重点重大项目研究年限为 3～5 年，其他为 3 年＞2 年（特殊情况除外）。起始时间从申请的次年 1 月算起，终止时间为完成年度的 12 月。

（7）所用实验室。这是指研究项目将利用的实验室，仅填写国家计委批准的国家重点实验室或部门批准的开放实验室。

（二）申请者的基本情况

（1）所在单位名称及代码。按单位公章填写全称。例如“中国科学院西安光学精密机械研究所”不得填“中科院西安光机所”或“西安光机所”。全称中的数字，一律写中文。单位代码根据有关部门规定的代码或编码原则填写。首次申请国家自然科学基金的单位尚未编入单位代码，其代码暂不填写。

（2）隶属关系。指该单位所属省（直辖市、区）或部委。

（3）单位所在地。指有申报权的一级单位所在地。如山西医科大学第一临床医学院的申报者，必须通过山西医科大学的科技管理部门进行申报，因此，单位所在地应为山西医科大学所在地。

（三）项目组成员的构成及分工

（1）参加单位数。指研究项目组主要成员所在单位数，包括主持单位和合作单位（合作者所在单位），以阿拉伯数字表示。

（2）项目组主要成员。指在项目组内对学术思想、技术路线的制订与理论分析及对项目的完成起重要作用的人员。重点重大项目组成员可根据具体研究内容多少配备，而一般项目组成员宜在 3～6 人。项目组成员必须形成合理梯队，既有设计指导者，又有工作的主要操作者，还应有必要的辅助人员，分工必须明确，工作不互相重复。若成员中高层次人员过多，则缺乏具体承担者；低层次人员过多，则不能保证技术的可靠性：均会被认为无法完成预定任务而使课题遭到否决。如某申请书中项目组成员为6人，其中5人为教授，1人为副教授，虽然成员学术层次很高，但同行专家认为教授不可能全部参加具体工作，课题缺乏具体承担者，故难以完成预定任务而不予资助。

(3)项目中的分工。指项目组成员具体承担的工作和时间。它可反映出课题负责人对整个研究工作的安排是否合理，对研究中涉及的技术方法准备是否充分，研究工作的顺利进行有无保证。所以，在分工时，要体现其特长。在填写时应写明承担工作的名称，如"动物饲养""膜片钳技术"等，而不要只填"负责"或"参加""参与"。必须注意的是，同时参加两个项目(包括在研项目)的成员，其参加月数之和必须小于12个月。

(4)签章。项目组成员本人应在申请书上亲笔签名，最好能再加盖本人的印章。任何作弊行为，一经查出，将会取消当年的申请资格，且今后两年内不得申请。有时甚至因为冒签而导致被冒签者当年申请项目超项，严重影响了相互关系。

(5)身份证号码。国家自然科学基金要求填写身份证号码，以便进一步证实成员的身份。对于国防科工委、军队系统的申请者，因没有身份证号码，在填写时应按如下要求填写：1～6位数，填写军官证、文职干部证前6位号码，不足6位的，其余空位填写0；7～12位数，填写出生年月日，如1965年5月17日，填为650517；13～15位数，男性填写881，女性填写882。

(四)研究内容和意义(摘要)

各申请书对字数要求不一致，一般在160～250个字内。摘要内容应包括使用的主要方法、研究内容、预期结果、理论意义及应用前景(或预期的经济效益)等。关键词数目不多于3个。中英文关键词应一致。

三、立论依据的撰写

立论依据包括研究目的、研究意义、对国内外研究现状分析及参考文献等几部分内容。通过该部分内容的叙述，可反映出申请者是否熟悉该研究领域的进展，是否真正理解这些研究问题，资料掌握的是否全面，学术思想是否宽广，立项是否可靠，从而明确地告诉同行专家你想做什么，为什么要这么做，使专家认识到资助该课题的必要性和可行性。所以，要填好这一栏，必须充分阅读文献资料，熟悉本领域的国内外最新研究进展，并能结合自身特点，提出研究目标；必须充分重视所提问题的创新性。立论依据一般应包含以下内容：

(1)介绍本课题研究背景，对新的研究领域应做一些必要的科普介绍，以使评审者能对课题先"入门了解"，做出客观的判断。介绍本课题研究的现状、水平和最新技术成就，必要时可介绍不同学派的观点及比较。介绍本课题当前国内外研究的动向和趋势。着重阐述未解决的问题，分析未能解决的原因，在分析存在问题的基础上，找出本课题研究领域中的空白点、未知数、焦点、难点、技术关键，确立本课题的着眼点，形成清晰严密、合乎逻辑的假说和设想，表明你准备在哪一方面展开研究，或你在该问题的研究中遇到了什么新问题和发现了什么新现象而需要进一步对它进行研究。阐明你将使用何种技术条件和实验手段，来解决你所提出的问题，证实该假说或设想。

(2)你的研究工作将会在理论或实际应用中解决什么问题，将会给本领域贡献什么，增加哪些新的认识，对学术理论或国民经济和社会发展起到什么样的作用及具有多大价值。基础研究项目重在结合国际上本学科领域的发展动态，论述项目的科学意义及创新的学术思想；应用基础研究项目重在结合学科发展的同时，围绕我国国民经济和社会发展中的重要科技问题，论述其潜在的应用前景；推广应用或开发项目则应预测该项目会带来的经济效益和社会效益。

(3)列出引用的主要文献，文献数量不要过多，一般控制在10～20条为宜。引用文献一定要按正式发表论文的要求，正确标明引用作者顺序、年、卷、期、页，以免评审专家核查不到此文献时，会对申请者产生"弄虚作假"的误会。引用文献应涵盖国内外文献，也可引用自己的文章，但不宜过多。引用文献应是近10年内的文献，特别是近3～5年的文献，一定要特别注意是否有当年发表的相关进展的文章。

(4)立论依据处在申请书的前面部分，评议人将会仔细阅读，因此，填写时一定要注意：①格式清晰、逻辑合理，能让评议专家对你要阐明的项目研究意义、国内外研究现状和研究目标一目了然。对研究意义的叙述要简明扼要，叙述恰当，是“填补空白”“国内首创”，还是“国际领先”，用语一定要谨慎，实事求是。②对国内外研究现状的分析要全面、透彻；对提出的研究目标要合理、适当，避免太分散。③对理论依据的推测和假设必须严谨、科学，特别是对创新性内容的提出和分析，必须考虑到其理由的充分和合理。④语言要科学、准确，切忌含糊。

四、研究方案的撰定

研究方案包括 4 个方面：研究目标、研究内容和拟解决的问题；拟采用的研究方法、技术路线、实验方案及可行性分析；本项目的特色与创新之处；预期的研究进展和成果。

（一）研究目标、研究内容和拟解决的问题

（1）研究目标。即通过研究要达到的具体目的，是项目申请的精髓。研究目标包括阶段目标、最终目标。阶段目标是将研究周期分解成若干阶段，每一阶段拟达到的目标，该课题可以是某课题的阶段性课题，也包括不同研究任务拟达到的目标。最终目标是指整个课题研究完成后，将达到的目标。这段内容主要是阐述通过本课题研究将达到什么目标，包括其理论意义，学术价值，直接或潜在的应用价值以及可能产生的社会和经济效益。

研究目标的表达要准确、具体、明确、可行，要准确地将你要做什么，希望解决的问题清晰地传递给评议人，切忌写成诸如“本课题的研究目的是探讨……的机制”“为……疾病的诊断提供依据”等空洞、无实质内容的大条目。应采用概括性文字，准确用语，有根据的预测来写作，不用夸张性词语，不写不切实际的推测。

目标是课题的核心及靶子，是课题要解决的主要问题，是课题完成后具有显示度的内容。目标不能过大、空泛，小课题小目标，重点课题可以大一点、多一点目标。目标一定要与招标指南和选题相吻合，不能声东击西。阶段目标及分题目标，都要围绕最终目标来制定。填写这段内容常见的错误有目标概念不明确，目标与选题脱节，目标内容不明确或不填缺项；目标过多无的放矢，目标过大无法实现，预期水平笼统，缺乏根据；忽

视学术进步和科学价值的阐述，社会效益空泛，经济效益计算不确切等。

（2）研究内容。包括课题研究的范围、内容和可供考核的指标等。要求内容具体、完整、紧扣主题，使评审者了解拟做哪些工作，是否值得做，这样做是否能达到申请者提出的目标。因此，在填写时应明确以下内容：①你准备从哪几个方面的研究来论证你提出的问题，即本课题由哪些分题进行深入扩展。②明确从哪个角度、哪些范围、哪个水平进行研究。③每个方面或分题计划选择什么样的可供考核的技术或经济指标。

（3）拟解决的关键问题。即在整个研究过程中的主要技术环节，关系着整个实验成败的核心技术等问题。要说明技术关键的主要技术特征和指标、控制条件和掌握程度、可能出现的问题及处理措施。技术关键不能太多，只能有一两条。主要关键技术和技术诀窍不能等同起来，后者不宜说明。如果技术关键与技术保密有关，对于保密部分可简明概述，必要时可附函向主管单位说明。中医药临床和新药开发研究中，中医药处方一般不能列为技术关键，提取制剂工艺若有必要可列为技术关键。关键问题要准确、具体，紧紧围绕研究目标。

（二）拟采取的研究方法、技术路线、实验方案及可行性分析

这是指导整个研究过程的重要手段，是申请书的主体，也是科研设计和评审的主要内容。它是研究内容确定后，为完成该内容而对整个研究工作所做的理论分析和总体思路及设想。主要说明选取什么标准的研究对象，观察哪些内容，通过什么方法和指标进行观察，对实验数据如何统计处理，将采取的技术路线或工艺流程，重点解决的科学和技术问题，将要达到的技术考核指标等内容。要求设计周密、方法科学、路线合理、技术可行；措辞具体、明确，切勿模棱两可。书写时一般包含以下内容：

（1）研究对象。确定受试对象时要充分考虑其敏感性、特异性和稳定性，考虑其病理强度、标准化、集中化和代表性。估计样本大小，确保对象齐全。临床试验对象选取的标准：诊断标准，纳入标准，排除标准，选取的例数和分组，分组的原则、名称和方法，各组治疗方法和疗程、剂量，不良反应控制和记录，依从性控制和评价，中止的条件及执行等。选取实验动物的种属、品系、来源、性别、体重、月龄及一般条件要求；分组的原则、名称和方法；造模方法和成功标准，实验给药方法、剂量、疗程、反应处置及

记录等。

(2)技术路线。指具体实验中的技术路线及进行实验的程序和操作步骤。按实验过程依次摘要叙述,每一步骤关键点要讲清楚,要具有可操作性。医药制剂和药物的合成等要注明主要工艺流程路线和框图。对于步骤明确、连贯,相互关系紧密的技术路线的书写也可采用流程图或示意图,其中要说明可能遇到的问题和解决办法。特别是"按一般人的了解,此技术路线是行不通的"或"前人曾经使用并遇到挫折而放弃的"部分,却是申请者的独到之处时,申请者必须表明自己的学术思想,提出处理和解决的措施。

(3)实验方法。根据技术路线中的实验内容分段说明:实验名称、所用仪器名称、厂家、型号、生产日期及稳定性,具体实验方法的依据、制剂名称、厂家、批号、规格、纯度、剂量,明确处理因素的数目、水平和强度,因素间的"相互关系",实验条件、操作程序和步骤,中间质控标准,实验数据的记录和保存。若采用的是通用的方法,可不必写明详细步聚,但应写明是什么方法,并将出处列到参考文献;若有改进或使用创新性的研究方法或手段,一定要详细叙述,并注明改进点、改进依据和改动的原因,采用新方法的优势,改进后的效果及标准和评价;为使评委相信你对该方法熟悉和掌握的程度,申请者应附上使用该方法做的工作或论文等。若操作复杂,在方法上不是主要创新点可列为附录内容。

(4)数据的采集和统计方法。应说明观察各项指标及控制可能出现的混杂因素和误差的方法或措施;说明本项研究统计学设计采用了哪几种数据处理方法及标准,所使用的统计工具及软件名称。

(5)可行性分析。对技术路线的关键步骤,新的或关键的技术方法,实验中涉及的实验动物模型的建立等技术问题以及对可能出现问题的解决措施及实施方案,做一可行性的分析或自我评价。

(6)撰写时常出现的问题。标准陈旧或缺失,对照组设置不合理,不具有可比性;观察效应指标针对性不强,技术路线缺项或过于简单,或不具有可操作性;研究方案与研究目标不一致;借口保密,不讲技术关键,或故弄玄虚,以假充真;方法陈旧、无创新或不适于研究内容;对新方法、新技术或改进的方法叙述不详细,或不能提供可靠的信息使评委准确估计你对该技术或知识掌握的熟悉程度;掩饰可能出现的问题或提不出解决措施或缺乏科学性。

这段内容反映了课题设计是否科学、严谨。写作上应力争使文字清楚、明白,具有条理性和可操作性。具体内容上要抓住设计的主要环节,对标准、对照、指标、方法进行叙述。立意上突出一个“新”字,一个“实”字:研究思路新,实验方法新,技术路线新;工作扎实,内容真实,写作实在,让评委心里踏实。这实际上也是科学精神在科研设计和申请书填写中的具体体现。

(三)本项目的创新之处

本项目的创新之处即本课题在选题、设计、方法、技术、路线、成果、应用等方面的与众不同之处。在书写时应着重于与他人研究的主要不同之处和本项目的自身特点。创新点应在充分查阅资料的基础上提出,切忌弄虚作假,或想当然地提出。创新点应具有必要性和可行性,不可为创新而创新。创新不可过多,一般为 2～4 条,创新点过多会失去真实性或被认为实施困难。

(四)年度研究计划及预期进展

此即根据课题技术路线对研究内容做一阶段性的安排。一般以年度为单位,也可以根据课题研究中具有代表性的研究内容预期完成的时间来分割,如以 3～6 个月为一个工作单元安排计划,一个工作单元可以并列安排不同分题任务。每一工作单元的研究内容应具体、可行,并有明确、具体、客观的进度考核指标,如观察病例的例数及病案等。对有特殊要求的实验内容的安排时间应合理、具体,如观察某一昆虫的生态,观察时间应与该昆虫的季节消长相一致。各工作单元之间应具有连续性。

(五)预期研究结果

不同类型的课题,预期结果的侧重也不同。基础研究或应用基础研究可以是拟发表何种水平的文章若干篇或获什么专利、成果等,但更重要的是学术上预期解决什么问题,得到什么技术成果或学术论点等。应用性研究课题,则侧重推广应用的前景及其间接的经济效益和社会效益预测。医学研究课题着重临床和现场应用价值,包括医疗卫生方面提高治愈率、降低发病率以及环境保护等效益的分析及预测。开发性研究则侧重于直接获得的经济效益或社会效益。

五、研究基础的撰写

该部分要求客观地介绍你以前做过什么工作，取得过什么成绩，包括3个方面。

(一)研究工作基础

此是指研究组成员以往主要的与本项目相关的工作积累和成果。特别是为本项目立项、顺利进行而做的前期工作，包括必要的预实验、实验方法的建立、动物模型的建立等工作和成绩，以及开展本课题研究以来已做的工作及取得的初步成绩。必要时附上相关文章或材料。

(二)实验条件

此即进行该课题已具备的基本实验条件，包括仪器设备、关键性的试剂药品、合格的实验动物（来源、品系和等级）等；已有的协作条件，原材料及加工条件；已经从其他渠道得到的经费支持等；尚缺少的实验条件和拟解决的途径，包括利用国家重点实验室和部门开放实验室的计划与落实情况。

(三)技术条件

技术条件指课题组负责人及其主要成员的专业水平和能力，能否胜任本课题。主要准确提供申请者及主要成员的学历及工作简历，提供近期已发表的与本项目有关的论著目录和获得学术奖励情况及在本项目中承担的任务。论著目录最好是近3年内发表的，且应包括：论著中的全部作者名单和顺序，论文题目，发表年月，期刊名称，卷、期和起止页码（著作应提供出版社名称和出版年月）；已被接受的论著应提供编辑部正式接受的证明材料；未发表的文章不必列出。

申请者必要时提供由国家指定单位出具的论著被收录、引用情况报告。申请国家青年科学基金还应注明学位论文名称及导师姓名与工作单位等。

六、经费预算的填写

经费预算指完成本项目研究任务所需的必要的经费支持。申请经费额度要适中，切忌漫天要价，否则会认为不实事求是，缺乏信誉或对课题的整个过程和方法缺乏了解，对课题准备不充分而被否决。经费预算时要根据项目的类型和以往项目的资助强度确定申请经费。经费预算部分包括6个方面。

(一)科研业务费

科研业务费主要指测试、计算、分析费，国内调研和参加学术会议费，论文印刷、出版费，仪器有偿使用费，水、电、气费。

(二)实验材料费

此是指原材料、试剂、药品等消耗品购置费，实验用动植物购置和种植、饲养费，标本、样品、模型采集加工、包装运输费等。

(三)仪器设备费

此为申请项目中专用仪器设备的购置、运输、安装费，自制专用仪器设备的材料、配件购置和加工费。大型仪器、较昂贵的仪器和行政办公设备不属其列。

(四)实验室改装费

此为改善资助项目研究的实验条件而对实验室进行简易改装所需的费用。不得将实验室扩建、土建、维修等费用列入其中。

(五)协作费

协作费专指外单位协作承担项目的研究在实验工作中开支的实验经费。

(六)项目组织实施费

此为按规定受资助单位提取的管理费。主要用于研究工作中所需水、电、气费的补贴，组织实施中开展的评议、验收和其他活动开支的资料费，按有关规定支付项目聘用人员（包括评议、验收人员）的劳务酬金等。一般不超过项目经费的10%。

本部分常出现的问题是经费额度过高；经费预算项目过于简单或不全面；无计算根据和理由或叙述笼统，不清楚，或计算错误；经费安排不当，如有的申请书经费预算中仪器设备的费用占申请金额大部分，使评委认为申请者难以完成任务；购买仪器设备、药品、试剂盒等非实验所需物品或购买数量过多等。

第十一章　科研论文的写作与发表

第一节　科研论文的写作

一、概述

科研论文是交流、传播科技信息的基本形式，它是作者对科学贡献的重要标志。据统计，60%以上的科技信息是通过期刊论文传播的，部分学科可达90%。科研论文一旦在期刊上发表，意味着已将自己的研究成果公诸于世，传播远方，既可为现在的同行利用，亦能被后人借鉴。因此，科研工作者必须具备论文的写作能力。论文写作是对观察到的事实进行思维加工的过程，是由感性认识向理性认识的飞跃。因此，现在人们逐渐认识到论文写作是科学研究的重要阶段，是科研的重要组成部分，它是最后的重要阶段。一项实验研究课题，耗费大量的人力、物力和财力之后，若不能将研究成果系统总结写成文章公诸于世，这个课题只能是半途而废。同样，临床研究也只有写成论文公开报道，才能产生社会效益和经济效益，为患者造福。创造性的研究成果只有发表后，才能得到社会的承认和实践的检验，这正是评价科研成果必须有论文发表的重要原因。

(一)科研论文的类型

根据学科，科研论文的资料内容、写作目的、论述体裁可有多种类型。

1. 按学科可分为

(1)基础论文：大多属于基础理论研究，包括实验室研究和现场调查研究等。少数为技术交流范围，介绍实验技术，有关仪器的设计、制造和使用等。

(2)临床论文：多为应用研究范围，可分为医疗、护理、卫生和防疫等方面的论文，它有理论研究和新技术的报告，但以回顾性总结分析的论文居多。

2. 按论文的资料内容可分为

(1)调查研究：流行病、地方病或卫生学方面常用，不加人工的处理因素(或称干预措施)。

(2)实验观察：不加人工的处理因素(干预)，对一定对象进行观察取得资料。

(3)实验研究：给予受试的动物、个体或人群人工处理因素(干预)后再观察其效应或反应。

(4)资料分析：用既往资料经统计学处理后进行分析。

(5)经验体会：综合既往资料和部分自己的实验观察与调查研究。

3. 按论文的论述体裁可分为

(1)论著。

(2)经验交流：①个案报告；②病例分析；③临床病例(病理)讨论。

(3)技术方法、技术革新。

4. 按论文写作的目的可分为

(1)学术论文：是论述有创新的研究成果、理论性突破、科学实验或技术开发中取得新成就的文字总结，作为信息交流。

(2)学位论文：是为了申请授予相应学位或某种学术职称资格而写的论文，作为考核及评审的文件，表明作者从事科研取得的成果和独立从事科研工作的能力，可以是单篇论文，也可以是系列论文的综合。学位论文主要反映作者在该研究领域具有的学识水平。

(二)科研论文撰写的基本要求

(1)科学性。就描述对象而论，是指论文只涉及科学与技术领域的命题。就描述内容来看，是指它要求文章的论述具有真实性、可信性。它必须有足够的、可靠的和精确的实验数据或现象观察或逻辑推理作为依据。实验的整个构成可以复核验证，论点的推理要求严密，并正确可信。为此要求做到以下几点：

①科研设计严谨、周密、合理、要排除影响结果的各种干扰因素；

②实验方法要正确，设必要的对照组，要采用随机双盲对照法；

③实验结果进行统计学处理；

④讨论从实验资料出发，以事实为依据，实事求是评价他人和自己的工作。结论要精确、恰当，要有充分论据，切忌空谈或抽象推理。

(2)首创性。是科技论文的灵魂。它要求论文所揭示的事物现象、属性、特点以及事物运动时所遵循的规律，或者这些属性、特点以及运动规律的运用，必须是前所未见的、首创的，或部分首创的，而不是对他人工作的复述解释。

(3)逻辑性。指文章的结构特点。它要求论文脉络清晰、结构严谨、推论合理、演算正确、符号规范、文字通顺、前呼后应、自成系统。不论论文所涉及的专题大小如何，都应该有自己的前提或假说、论证素材和推断结论，而不应该是一堆堆数据的堆砌或一串串现象的自然描绘。

(4)实用性。实用性也是实践性，是论文的基础。论文中所报道的理论性或应用性的信息，都来源于实践，应该具有可重复性。不论是成功的经验或失败的教训，都可为他人所利用或借鉴。即使暂时不能解决实际问题，而从发展角度来看仍有其重要意义者，也应列入有实用价值的范畴。

(三)科研论文的写作步骤

论文的写作一般分为选题、取材和写作 3 个阶段。

(1)选题。选题应尽可能做到：①从创新的角度出发，选取他人尚未做过的课题或有发展前途的课题；或从国家经济建设出发，选择有实用价值的课题。要进行充分的文献检索，避免重复劳动。②课题要明确、具体。

(2)取材。论文是用资料表现主题，占有或积累的资料愈多，愈充实，形成的观点和提炼的主题就更能正确反映客观事物的本质和主流。

(3)写作。主要应做好几点：①构思；②拟提纲；③成稿和润色；④缮写。

二、科研论文的格式与内容

为了方便写作和学术交流，科研论文有固定且符合逻辑的格式及一定的顺序和要求，并为医学作者接受和习惯通用。一篇优秀的论文尽管涉及的内容各不相同，论证方法各有差异，但均有精炼的文题，创新的内容，科学的方法，精确的论据，充分的论证。论文的内容和格式通常包括引言、方法、结果、讨论和参考文献 5 个部分。它们分别回答为什么研究本课题、怎样研究、有何发现、该发现在理论和技术上有何意义以及文内的引证出自何处等。这种固定和符合逻辑的内容和格式，既方便作者写稿，也使读者阅读方便、一目了然。

内容和格式也并非一成不变，作者可根据论文类型和要求的不同予以变通。或将方法与结果合并，或将结果和讨论并列，短篇报道可省去摘要、引言和参考文献，外科新术式报道增加外科解剖学项目等。现分述如下：

(一)文题(题目，篇名)

文题是论文中心思想和主要内容的高度概括，应言简意明且具信息，便于检索和编目。题目像一种标签，切忌用冗长的带有主、谓、宾语结构的完整语句逐点描述论文的内容，也要避免过分笼统，反映不出每篇文章的主题特色。具体要求是：

(1)醒目；

(2)副题尽量省略，题目在语意未尽时才借助于主题目后面的副标题来补充论文的下层次内容；

(3)特色和新意；

(4)明确得体；

(5)简短，一般不超过 20 字，最多 30 字，英文文题不超过 10 个实词。尽量省去“的研究”或“的观察”等非特定词；

(6)避免使用化学分子式及非众知公用的缩略词语、字符和代号；

(7)文题中的数字宜采用阿拉伯数字，但作为名词或形容词的数字则仍用汉字。

(二)作者署名和单位

作者系指论文主题内容的构思者、研究工作的参与者及具体的撰稿执笔人员。署名应遵从下列规定：

(1)严肃认真,写真名、全名；

(2)个人署名是基本形式,单位署名极少；

(3)署名排序不争名次,不照顾关系,不无劳挂名；

(4)署名后列出作者的单位全称或通信地址,方便读者在需要时与作者联系。

(三)摘要

摘要是从论文内容中提炼出来的要点,是概括而不加注释或评论的简短陈述。既可供读者检索或判断,也可为二次文献转载或重新编写提供信息。能独立成章,尽量避免引用正文中列出的公式、图、表或参考文献。以 200 字左右为宜,最多不超过 500 字。

(四)关键词与主题词

关键词是文稿中最能反映中心内容的名词或词组,是最能说明全文含义的词。最好参照专门的主题词表查找选取。一般选用 3～5 个关键词。为便于国际学术交流,我国新发表的科技论文还同时给出英文题目、作者及摘要(包括关键词),放在全文的最后或中文摘要的后面,或集中放在整期刊物的文摘页上。

(五)引言(前言、序言、导语)

引言作为论文正文的开端,主要介绍论文的背景、相关领域的前人研究历史与现状(包括研究成果与知识空白)以及作者的意图与依据,包括论文的追求目标、研究范围、理论依据和方案选取技术设计等。如果在正文中采用比较专业化的术语与缩写用语时,最好在引言中定义说明。引言要求精炼、简短,一般有 200～300 字,约占全文的 1/10。须注意的是在引言中对“首次报道”“国内首创”“国内外尚未见报道”或“达到国际水平”等提法要非常慎重，必须在查足文献，有确切的资料和根据作为引证时，才能写出。

(六)材料和方法

根据实验研究和临床研究等不同类型，可分别写为“材料和方法”“对象和方法”“病例和方法”“临床材料”或“病例报告”等。

(1)材料。①实验对象(在临床为“治疗对象”或“病例选择”)；②实验仪器(在临床为“特殊检查”或“治疗仪器”)；③实验药品和试剂(在临床为检查或治疗用药)。

(2)方法。实验设计包括实验对象的分组，实验仪器和试剂的选择，实验环境和条件的控制，样品的制备方法，实验动物的饲养条件，药物、试剂的配制过程和方法，实验步骤或流程，操作要点，观察方法和指标，记录方式，资料和结果的收集、整理和统计学方法的选用。方法若为改进的，要着重写出改进部分和原法的比较，评述创新部分。材料和方法是论文的基础，对论文质量起关键作用。故叙述需具体真实。试剂药物等写国际通用名，少用代号，不用商品名，便于供他人学习或重复验证。

(七)结果

结果的内容包括真实可靠的观察和研究结果，测定的数据，导出的公式，取得的图像，效果的差异(阴性和阳性)。它反映了本课题水平的高低及其价值，是结论的依据。论文的结论具有精确性和可重复性，因此，要对实验结果的数据做分析筛选，在核对后做相应的统计学处理，列出其均值、标准差、标准误差，根据不同的数据采取不同的显著性检验方法，如表11-1所示，以观察各组与各组之间的差别有无显著性，并标明 t 值、X 值和 P 值。同时要注意实验次数或观察例数是否足够，有无可比性，与结果中的数目是否一致等。

结果的表达形式有表、图和文字叙述 3 种。图表设计恰当，可作为文字叙述的补充，甚至可表达用文字难以叙述的材料，使读者直观易懂，一目了然。

表 11-1 科研数据与显著性检验对照表

设 计	数 据	显著性检验
1. 试验组与对照组资料比较	率的比较(二项分布)	卡方检验
	秩次资料	秩和检验
	计量资料	t 检验
	生存率	Mantel-Haenzel 卡方检验
2. 配对资料(或试验前后)的比较	率的比较	卡方检验
	秩次资料	符号秩和检验
	计量资料	配对资料的 t 检验
3. 两组以上资料的比较	率的比较	卡方检验
	秩次资料	多组资料秩和检验
	计量资料	方差分析
	生存率	时序检验
4. 两组以上的配对资料	率的比较	Friedmon 秩和检验,方差
	秩次资料	分析及 t 检验
	计量资料	
	生存率	
5. 多变数资料	样本率	线形对数统计分析
	计量资料	多元回归
6. 队列研究或病例对照研究	率的比较	对照危险度比值比

(八)讨论

讨论指从实验和观察的结果出发,从理论上对其进行分析、比较、阐述、推论和预测。

1. 讨论的内容

(1)对研究结果的理论阐述。作者用已有的理论对自己的研究结果进行讨论,为了估计实验结果的正确性和实验条件的可靠性,可与他人的结果来比较其异同,并解释其因果关系,从理论上对实验结果的各种资料、数据、现象等进行综合分析。

(2)指出结果和结论的理论意义及其大小,对实践的指导作用与实用价值(经济效益、社会效益)如何等。

(3)类似问题的国内、外研究进展情况,本研究资料的独特之处,其结果和结论与国内、外先进水平比较居何地位,实事求是地提出自己的见解。可以引用其他作者或其它领域的研究成果以说明和支持自己的观点和结果,但无把握的话则不能草率做出结论。

(4)研究过程中遇到的问题、差错和教训,同预想不一致的原因,有何尚待解决的问题及其解决的方法,提出今后的研究方向、改进方法以及工作的设想和建议,以使读者从中受益。

2.讨论的依据

(1)科学的材料、方法和结果:归纳分析问题须以实验材料或临床资料为依据,其所讨论的结果不仅客观真实,数量准确,而且研究方法正确,要观点明确,摆事实讲道理。实验观察中如有不足之处,须加以说明。在解释因果关系时,应说明偶然性与必然性。发现异常现象未能解决者,留待他人研究解决。

(2)科学的理论:用科学的理论阐述自己的观点,分析实验结果或临床资料。在探索中提倡应用或提出有科学根据的假论,但在陈述中要有一定的把握,切不可把未经实践证明的假说当作已被证明的科学理论。讨论中的逻辑性要强,要有新的独特的见解。提出新观点新理论时要讲清内容,以便读者参考或接受。不要回避相反的理论或自身的缺点。必要时可列出不同的观点和理论,对此,要明确肯定什么或反对什么,并说明理由。但避免文献堆砌。

(九)结论(总结、小结)

结论是论文最终的和总体的精华论述,文字要简短,一般少于200字。不用表和图。它总结概括了整个研究工作,但并非简单重复正文各部分内容的小结,而是作者在实验结果和理论分析的基础上,经过严密的逻辑推理,更深入地归纳文中能反映事物本质的规律和观点,得出有创造性、指导性、经验性的结论,也要突出新发现,新认识和新创造。其措词必须严谨、精炼,表达要准确、有条理性。结论要与引言呼应。现多数论文已不写结论部分,而将此项内容归入讨论或写成摘要部分。

(十)致谢

这是作者对在本科研及论文的某些工作中，对给予了一定帮助的有关单位或个人和指导者表示感谢的文字，事先应征得本人同意后方可刊出其姓名，置于文末，参考文献著录之前。致谢对象有：①对本科研工作参加讨论或提出过指导性建议者；②协助或指导本科研工作的实验人员；③为本文绘制图、表，为实验提供样品者；④提供实验材料、仪器以及给予其他方面帮助者。

(十一)参考文献

引用他人的资料，在论文最后书写必要的参考文献，既是为了反映科研和论文的科学依据，表明作者尊重他人的研究成果，同时也向读者提供有关原文信息的出处，便于检索，故参考文献不能省略，同时应符合下列要求：①尽可能选用最近3～5年内的和最主要的文献；②作者亲自阅读过的；③对本科研工作有启示或较大帮助的；④与论文中的方法、结果和讨论关系密切的、必不可少的。⑤已公开发表的参考资料。

参考文献的书写一般均采用“温哥华格式”。一般论著可引用参考文献10篇左右，综述20篇左右。

三、科研论文撰写应注意的几个问题

(一)表

论文中最常用的表是统计表，其次为文字叙述表或非统计表。一般用3线表，表内不用纵线和3条横线，取消端线。表题应简明，一般少于15字，其末不用标点符号。栏目要合理，单位名称(例、只、mg、g/L、mmol/L、kPa、%等)加括号集中写在栏目之后。各表用阿拉伯数字编序。表内类同的数据应竖排，计量单位和同一项目保留小数位要一致，上下行数字的位数应对齐，合计数纵横要相符，表内数字必须与正文内容相符。表宜少而精，凡用少量文字能交代清楚的则不用表，表的内容以数字为主，文字从简。可用非标准的缩略词，但须在表下注明。

(二)图

图是一种形象化的表达形式。表达结果最常用的图主要有线图、条图、点图、坐标图、描记图、照片等。要求主题明确真实,突出重点,线条美观,黑白分明,影像清晰。线条图用黑墨汁精绘在硫酸透明绘图纸上,常用尺寸为127mm×173mm,不得大于203mm×254mm。纵、横坐标宜画细线,图中线条应稍粗。坐标刻度宜稀不宜密,其刻度要朝内。纵横坐标内不要留过多的空白,图例尽量排在图内。图面不用带色笔写文字,可用铅笔注明清晰、匀整、大小合适并易辨认的文字、字符、数码或符号,留待编辑部加工贴字。照片要求清晰,层次分明。使用人体照片,要得到患者的同意或隐去其面部。用以说明治疗前后比较的照片,其拍摄环境和技术条件须一致。不易看懂之处可画箭头标示或附简单线条图说明。标本照片应在图内放置标记尺度。显微照片或电镜照片均需说明放大倍数和染色方法。如系原始记录图片(如心电图、脑电图等),清晰者可剪贴于硬纸上或用黑色绘图墨水描记,保持线条清晰,图面清洁无折皱,以便制版。照片背面注明图序号、上下左右位置、染色方法、放大比例和作者姓名,以防丢失、混淆或贴错顺序与方向。图在正文中用3行稿纸的长方框标出其相应的位置,用阿拉伯数字标出图序,全文仅1图者,其图序可写为"图1"(英文则写Fig1)。图题要简明,一般少于15字,写于图下。插图说明书应写或打字在另页纸上,并注明相同的图序号。

(三)法定计量单位的使用方法

法定计量单位的使用以《中华人民共和国法定计量单位使用方法》为准则,现就实际使用中的具体问题简要介绍:

(1)在阿拉伯数字后有计量单位时,一律用法定计量单位或用单位符号,如2cm、4mg等,不应写成2厘米、4毫克等。

(2)法定计量单位符号在句末,应采用相应的标点符号,在句中不加"。"。

(3)一组同一计量单位的数字,应在最后一个数字后标明计量单位符号,如8,16,24kg等。

(4)当叙述到计量单位时,一般应写汉字。如“每升”不应写成“每L”。

(5)单位符号的字母一般用小写体,特殊除外,如 pH 等。

第二节　科研论文的发表

论文是研究工作的结晶,是对科学贡献的重要标志。创造性的研究成果只有在发表后,才能得到承认和经受实践检验。一项研究课题,只有写出文章并发表了才算最终完成,否则是半途而废。论文写作是论文发表的前提和基础,写成一篇好文章,迅速及时发表在相关杂志上,让科技成果信息及时传播出去,是每个作者的愿望。下面简要地介绍有关论文发表的注意事项。

一、写作道德

写作道德是职业道德在科研和论文写作发表中的体现,写作发表论文,应注意如下几点:

(1)实事求是,用事实和数据说话,成功和失败都可以给人以启示;

(2)对突破性的成果必须证据确凿,并限定其在科学上的意义;

(3)禁止抄袭和作假。引用他人的文章必须注明来源,以避抄袭之嫌。不可任意舍弃与作者设想不一致的事实或数据;

(4)通过私人方式获取的有关信息,不经提供者同意,不得引用;

(5)对他人工作有异议时,可在刊物上发表看法,但不应进行人身攻击;

(6)在论文署名时,不应抛弃对工作有重要贡献的合作者,也不应滥用他人名义抬高自己;

(7)一稿不许两投。

二、期刊的分类

随着科技事业的发展,期刊的种类和数量迅速增加。国际公开发行期刊的准确数尚不清楚，据估计已达六七千种，如荷兰《医学文摘》摘录的杂志已有 4 300 多种。

据估计，现在全国有医药卫生期刊 600 多种，占全国期刊的 12%左右，占自然科学期刊的 25%。我国医药卫生期刊占世界医学期刊的 6%～10%。

卫生部政策研究室编辑出版处曾于 1985 年发出期刊调查表，最后收到 343 份，其中除 27 种文摘、检索工具性期刊和 34 种国外医学期刊各分册以及 6 种外文译成中文的引进性刊物外，其余 276 种分属于基础医学、预防医学、临床医学、传统医学、药学、护理学、卫生管理学、社会医学、医学教育、新兴学科等近 70 个科别。据不完全统计，1985 年全国医药卫生期刊总发行量为 7631 万册，全年出版 1952 期，有 73%的期刊为国内公开发行，17%为国内外公开发行，而内部发行和交换赠阅的约占 10%。

科技期刊总分类如表 11-2 所示。

表 11-2 科技期刊总分类

分类		类别
1	按出版周期分	周刊、半月刊、月刊、双月刊、季刊、半年刊、年刊等
2	按发行方式分	公开发行、限国内发行、内部发行
3	按刊载文章的学科分	数、理、化、天、地、生、农、工、医等自然科学和应用技术各门类的刊物
4	按刊物性质分	学报、通报、应用技术、情报、检索、科普、公报
5	按出版机构分	学术团体、高等院校、情报研究部门、政府机关、厂矿企业、出版社等
6	按载体形式分	印刷版、缩微版、声象磁带版、计算机磁带版
7	按文种分	中文版、英文版、蒙文版、维吾尔文版等

按性质分类的各类期刊的内容和特点如表 11-3 所示。

表 11-3 按性质分类的各类期刊的内容和特点

类型	内容	特点	举例
学报类	刊登基础科学和应用科学方面原始性发明创造的科学论文和具有重大意义的研究简报等	学术性强，理论水平高，属一次文献，反映国家科学技术研究的最高水平	中华医学杂志

续　表

类　型	内　容	特　点	举　例
通报类	报道各学科的研究进展和动向，以简报或简讯形式介绍新的边缘学科、基础理论和实验技术，交流科研成果和工作经验	出版周期短，信息容量大，文章短而精	药学通报
技术类	报道各学科、各部门的研究成果，包括新技术、新设计、新设备、新产品、新材料、新经验等	专业性、技术性、适用性强	中级医刊
情报类	报道国内外科学研究的最新进展，各国的科研规划、会议、机构、人物、书刊、出国考察报告、会议文献、座谈记录、学术活动、科技动态等	信息量大、动态性强、资料全而新	环境科学动态
检索类	以文献、题录、索引的形式报道国内外科研成果、学术论文、技术报告、会议录、年鉴、专利、特种文献等	报道的文献类型全、涉及的学科面广、检索方便、具有全面、简便、及时的特点	中国医学文摘中文科技资料目录
科普类	介绍自然科学和技术科学的基础知识、有关学科的新技术、技术革新与讲座、人物介绍、科学史、智力开发、经验交流、科技简讯等	内容丰富多彩、简练意深、图文并茂、选题广泛、体裁多样、通俗易懂，有科学性、知识性、趣味性、文艺性等特点	科学画报中华气功等
公报类	报道政府的公报、法令、政策、规章、制度、统计资料、专利公报、科技标准等	具有政策性、法令性和保密性的特点	中国卫生统计

三、投稿时应注意的事项

稿件完成后，将自己的作品向哪些期刊投寄呢？为了有的放矢，提高投稿命中率，一是文章的质量（科学性、首创性、逻辑性、实用性）要有保证，同时文稿的格式、规范和书写要尽可能符合各期刊的稿约，其次作者要熟悉各期刊的特点、性质，各期刊今年的重点是哪些，有哪些选题报道计划等。如果作者对此胸有成竹，稿件刊用可能性相对高了许多。

投稿时还应注意如下几点：

（1）根据刊物的性质、宗旨、特点、读者对象及刊物的特点，选择投稿的形式和体裁。例如中华系列杂志、临床系列杂志、实用系列杂志对稿件各有要求。

(2)注意刊物对稿件内容、文字、字数的要求。论著包括摘要(提要)、关键词、图表、参考文献在内,全文不超过 5000 字。综述、讲座、临床病理(例)讨论一般不超过 8000 字,论著摘要和病例报告等短篇需 500～1500 字。有的刊物还需要英文摘要和原稿一式二份。

(3)计量单位按中华人民共和国法定计量单位、医学名词目前按全国自然科学名词审定委员会公布的有关学科名词和人民卫生出版社出版的《英汉医学词汇》,简化字以《新华字典》为准。统计学中的外文符号用斜体。

(4)要说明论文经本单位审查并附推荐函,如涉及保密问题,需附有关领导部门审查同意发表的证明。

(5)按稿约投稿系属版权中版权的转让,故应自留底稿,以备查询。

(6)写明文稿投寄详细地址及单位,勿寄个人。